SALUD Y CALIDAD DE VIDA

REACCIONES ALERGICAS

DERYK WILLIAMS, ANNA WILLIAMS Y LAURA CROKER

ONIRO

Título original: *Life-threatening Allergic Reactions*
Publicado en inglés por Piatkus Books Ltd.

Traducción de la doctora Bibiana Lienas

Diseño de cubierta: Imagen Gráfica Studio

Distribución exclusiva:
Ediciones Paidós Ibérica, S.A.
Mariano Cubí 92 – 08021 Barcelona – España
Editorial Paidós, S.A.I.C.F.
Defensa 599 – 1065 Buenos Aires – Argentina
Editorial Paidós Mexicana, S.A.
Rubén Darío 118, col. Moderna – 03510 México D.F. – México

1ª edición, 1999

ISBN: 84-89920-51-6
Depósito legal: B-256-1999

Impreso en Hurope, S.L.
Lima, 3 bis – 08030 Barcelona

Impreso en España – *Printed in Spain*

*Este libro está dedicado
a la Weymouth Grammar School,
con nuestro más sincero agradecimiento.*

Índice

Agradecimientos

Deseamos expresar nuestro agradecimiento a las siguientes personas y organizaciones, por la ayuda que nos han prestado: The Anaphylaxis Campaign (Campaña frente a la anafilaxia), Suzanne Allan, Juliet Burt, Glynis Boddy, British Allergy Foundation, David Chapman, Dr George Chew, Teresa Chris, Hazel Gowland, Annabelle Hancock, Susan Hill, Anne Lawrance, Christine Livingston, Barbara Middleton, Alison Randall, Caroline Rawlinson, David Reading, Anita Roberts, David Steinhoff, Jane Upton, Professor David Warrell y Mandy Vanstone.

Prólogo

Éste es un libro de lectura imprescindible tanto para las personas que padecen anafilaxia (es decir, la terrible reacción alérgica a diferentes sustancias que puede llegar a poner en peligro la vida) como para las que trabajan y conviven con ellas e incluso para la profesión médica. Resulta de vital importancia conocer las sustancias a las que la víctima de anafilaxia es alérgica, a fin de poder evitarlas y para que los demás puedan ayudarla. Pero lo más importante es reconocer y tratar correctamente la reacción en sí, su gravedad y la celeridad con que aparecen los síntomas. Uno de los principales mensajes de este libro es que los individuos propensos a la anafilaxia disponen de un tratamiento inmediato y relativamente simple de administrar que puede salvarles la vida si sufren esa reacción.

Es preciso hacer hincapié en el hecho de que la anafilaxia puede acabar con la vida de una persona. En el verano de 1995 estuve a punto de morir después de que me picara una avispa. Sabía que padecía una alergia grave a las picaduras de avispas y abejas y me había sometido a un tratamiento prolongado y complejo de desensibilización para tratar de disminuir mi sensibilidad. El tratamiento fracasó, como les ocurre a algunas personas. Desde entonces, sé muy bien que en ocasiones parecidas debo recurrir a un tratamiento a base de adrenalina. Pero incluso en el caso de personas en las que el tratamiento de desensibilización aparentemente ha sido eficaz, la adrenalina puede salvar su vida cuando una reacción imprevista y exagerada se produce súbitamente. Sin embargo, yo casi perdí la vida, ya que creía que la adrenalina era un fármaco extraordinariamente peligroso y, en consecuencia, después de la picadura de la avispa, su administración no fue *inmediata*. Por otra parte, por aquel entonces yo manifestaba una actitud característica muy frecuente y especialmente preocupante de la enfermedad: la negación. Me decía: «Quizá en realidad no me ha picado una avispa, quizá en esta ocasión no padeceré una reacción grave. Esperaré y... ya veremos». Llamé a mi médico general, el cual, por fortuna, vivía muy cerca de mi casa. Cuando llegó, diez minutos más tarde, la presión arterial me había disminuido hasta niveles tan bajos y con tanta rapidez que no tuvo más remedio que administrarme una dosis extraordinariamente elevada de adrenalina por vía intravenosa (lo que potencialmente supone un procedimiento mucho más peligroso que la administración de pequeñas dosis por vía intramuscular; además, un familiar o incluso la propia víctima puede administrar la inyección intramuscular). Por otra parte, el médico se vio obligado a tomar otras medidas mucho más drásticas, ya que estuve a punto de morir, sobre todo a causa de un edema pulmonar. Mis pulmones se llenaron de líquido y de sangre, por lo que tuvo que llamar a una ambulancia para trasladarme de inmediato al hospital, donde permanecí once días ingresada, además de varias semanas de convalecencia física y, lo que es más importante, de convalecencia psicológica.

Este libro puede salvar a otra persona, quizá a muchas otras personas, a partir de esta experiencia. Todavía existe una gran confusión, ignorancia e información errónea sobre el tema de las reacciones alérgicas mortales. En parte se debe a que algunos médicos dudosos, con sus teorías no demostradas, se han apropiado del término «alergia». Recientemente una mujer me explicó que había llevado a su hijo a una clínica de medicina alternativa y a través de las diferentes pruebas que le practicaron se descubrió que el niño era alérgico a una gran variedad de alimentos y sustancias, que fluctuaban desde el zumo de naranja recién exprimido y el queso hasta los tejidos sintéticos, y que eso era la causa de la dislexia y otras dificultades de aprendizaje de su hijo. Se ha puesto de moda padecer alergias. Resulta todavía más chocante que incluso algunos médicos traten erróneamente o de manera insuficiente algunas reacciones alérgicas graves. El año pasado los periódicos publicaron que una mujer había muerto tras la picadura de una abeja a pesar de que tomó rápidamente un antihistamínico que llevaba siempre consigo para dichas emergencias. Su médico se lo había prescrito porque consideraba que el antihistamínico tomado por vía oral le proporcionaría la protección adecuada en caso de que sufriera una picadura. ¿Cuántos médicos continúan creyendo que es suficiente un antihistamínico tomado por vía oral?

Este libro no se anda con rodeos. Ofrece conceptos claros sobre la enfermedad, es simple y su mensaje se hace entender de inmediato. Dicho mensaje es sencillo. La anafilaxia puede conducir a la muerte quizá más a menudo de lo que previamente se había considerado. De hecho, puede enmascarar un ataque de asma (con la que tal vez esté relacionada desde un punto de vista médico), un ataque al corazón e incluso un ataque de pánico. Algunos de los síntomas de estos tres procesos son idénticos, pero también merece la pena observar que, como ocurre con muchas otras enfermedades, no todos los casos de anafilaxia se presentan de la misma forma clásica. Numerosos pacientes experimentan una inflamación inmediata de la garganta y dificultades respiratorias, pero otros no. En muchos casos, simplemente se produce una disminución muy rápida de la presión arterial, por lo que la víctima se queda blanca como el papel, y experimenta una sensación de nerviosismo, miedo y aprensión, o incluso de muerte inminente. El pulso se acelera, y la respiración puede ser normal pero muy rápida, o tal vez se experimenten dificultades respiratorias, debidas a la broncoconstricción.

¿Cómo pueden reconocer los demás una reacción anafiláctica? Uno de los mensajes esenciales que desea transmitir este libro, que todas las víctimas de la enfermedad deben tener muy presente, es que en muchas ocasiones los demás no pueden reconocer la anafilaxia. La primera persona que sabe lo que le está ocurriendo, por qué le ocurre y qué hacer al respecto es la propia víctima. Con un poco de suerte, sabremos lo que ha desencadenado la reacción; las personas propensas siempre deberían tener a mano adrenalina y utilizarla tan pronto como se inicie aquélla; es preciso que llamen solicitando ayuda y si es posible que expliquen a los demás exactamente cómo pueden ayudarles.

Durante el resto de mi vida he tratado de evitar a las avispas y de tomar precauciones en las épocas del año más «peligrosas» (p. ej., en verano). Además, siempre utilizo una pulsera que indica que soy alérgica, y procuro tener a mano adrenalina junto con algún antihistamínico y otros antialérgicos. Si en un momento dado es probable que exista el riesgo de que se presente una reacción, trato de explicar a las personas que están conmigo qué es la anafilaxia y cómo pueden ayudarme, por ejemplo, si me pica una avispa. En pocas palabras, al igual que todas las víctimas de una posible anafilaxia, la principal responsable de mí misma y de mi enfermedad soy yo. En este sentido, no soy muy diferente de un paciente que padece diabetes o sufre epilepsia.

Además de la propia reacción anafiláctica, lo peor que podemos experimentar es miedo. Varios meses después de mi reacción anafiláctica, padecí un trastorno de estrés postraumático. Me pasaba el día entero asustada y de noche tenía pesadillas. Veía avispas por todas partes. Sin querer, me hice un rasguño con una pequeña astilla en la mano y, aun sabiendo que se trataba de una astilla, mi cuerpo experimentó una reacción de pánico extraordinaria, con dificultades respiratorias, palidez, aceleración del pulso e incluso un verdadero desmayo. Es decir, todos los síntomas de un ataque de anafilaxis. Ir por la vida con esta espada de Damocles sobre la cabeza muy probablemente provocará pánico a la menor ocasión, y esta situación psicológica también tiene que afrontarse.

¿Existe alguna esperanza? ¿Nos ofrece este libro alguna ayuda? Por fortuna sí. Además de los estudios de investigación que se están llevando a cabo en diversos frentes sobre las reacciones alérgicas mortales, o que pueden ser mortales, y que muy probablemente proporcionarán resultados beneficiosos de una forma u otra a largo plazo, el mensaje más importante es que somos personas muy afortunadas. En buena medida, muchos de nosotros sabemos lo que desencadena nuestras reacciones, y el tratamiento que puede salvar nuestra vida en una emergencia está disponible con facilidad y es de administración simple: una inyección intramuscular. Nuestra rápida actuación puede salvarnos la vida, a diferencia de la mayor parte de las enfermedades graves, que constituyen una amenaza para la misma. Por otra parte, también podemos planificar de antemano nuestro estilo de vida y evitar las sustancias a las que somos alérgicos. Podemos aprender a minimizar los riesgos, aunque hay que tener en cuenta que existen muchas sustancias todavía no conocidas que son suceptibles de provocar dichas reacciones.

Este libro contiene una introducción muy completa y clara sobre las reacciones alérgicas que pueden poner en peligro la vida. Para mí y para otras víctimas de las reacciones anafilácticas, su mensaje es claro. Podemos tomar medidas para que nuestra enfermedad no empeore y hemos de ser capaces de convivir con la anafilaxia, pero eso no significa que tengamos que morir de una reacción anafiláctica.

SUSAN HILL
Gloucestershire, 1996

Capítulo 1

Información sobre la anafilaxia

Un hombre muere a causa
de la picadura de una avispa

Una mujer falleció tras consumir
mantequilla de cacahuete

Pruebas para luchar contra las muertes
ocasionadas por el consumo de cacahuetes

Titulares de periódico como los que se acaban de citar son cada vez más frecuentes. Todos hacen referencia a una enfermedad conocida como anafilaxia que provoca reacciones alérgicas muy graves e incontroladas. Aunque le parezca mentira, la anafilaxia puede conducir a la muerte.

Es posible que estos titulares escalofriantes le susciten una intensa preocupación, o quizá los considere innecesariamente sensacionalistas. Después de todo, ¿en realidad necesitamos más historias alarmistas? Por desgracia, en el caso de la anafilaxia hemos de ser conscientes de ellas, ya que la alergia puede conducir a la muerte, y de hecho mucha gente muere a causa de una reacción alérgica. No obstante, muchas personas, e incluso numerosos médicos, apenas conocen esta enfermedad o tienen información errónea sobre ella.

Padecer un ataque de anafilaxia es una experiencia terrible que puede tener un impacto extraordinario en su vida. Estos ataques habitualmente están desencadenados por acontecimientos cotidianos, como la picadura de una avispa, comer cacahuetes o utilizar guantes de látex. Si usted padece una anafilaxia significa que tendrá que estar en guardia de manera permanente durante el resto de su vida.

Si en alguna ocasión ha sufrido una reacción desagradable a la picadura de una avispa, es posible que le asuste aventurarse a salir al campo durante el verano. Por otra parte, los cacahuetes son un ingrediente oculto muy frecuente de numerosos alimentos. Los alérgicos a los cacahuetes en ocasiones comparan una salida a comer fuera con el juego de la ruleta rusa. Una persona que sabe que es alérgica puede sentirse como si fuera una bomba de relojería, a punto de explotar en cualquier momento. Sin embargo, el hecho de ser alérgico no significa que tenga que vivir en un estado de miedo permanente. Los consejos sensatos de un profesional sanitario y una información actualizada sobre la alergia pueden contribuir a reducir el dramatismo de la enfermedad y a controlarla. En este libro le mostraremos cómo reducir las posibilidades de desarrollar una anafilaxia y cómo controlar una anafilaxia establecida para minimizar el impacto de la misma en su vida.

La historia de Barbara

La reacción anafiláctica de Barbara fue tan espectacular que se reconstruyó en la televisión británica para alertar e informar a la gente de los peligros de la anafilaxia.

«Me acababa de poner unos guantes de goma de una nueva marca y, al cabo de unos minutos, noté un intenso picor en las manos. Nunca había experimentado una sensación de ese tipo. Me saqué los guantes y el picor era tan intenso que no podía dejar de rascarme, hasta que me lastimé la piel. Traté de aliviar el dolor lavándome las manos, pero empezaron a hincharse como si estuvieran llenas de agua. La piel de las manos se volvió transparente, y por debajo podía ver las ronchas producidas por la alergia. Notaba la nariz congestionada, los ojos me picaban y tenía los párpados tan hinchados que casi no podía cerrar los ojos.»

Barbara padece fiebre del heno, asma y eccema, y en ocasiones anteriores había presentado reacciones leves a los frutos secos, que fueron suficientes para que se diera cuenta de que esta reacción revestía mucha mayor gravedad. Tomó un antihistamínico, pero pronto notó que en el interior de la boca también empezaban a formarse habones. Aconsejada por el médico, su hija la trasladó al hospital. A su llegada, Barbara era incapaz de ver o de hablar y sentía que su cara y manos estaban a punto de estallar. Fue conducida al servicio de urgencias, donde el médico le administró adrenalina, salbutamol nebulizado e hidrocortisona, y asimismo le aplicó un monitor cardíaco (véase cap. 5 sobre tratamientos).

Al cabo de quince minutos Barbara, aliviada, se dio cuenta de que el ataque empezaba a remitir. Permaneció en la unidad de cuidados intensivos durante dos días y a los cinco la inflamación de la cara y las manos empezó a remitir.

Barbara tenía miedo de abandonar el hospital, pero desde entonces ha aprendido a afrontar su miedo. Siempre tiene a mano adrenalina y lleva una pulsera de Alerta Médica (véase p. 112) para una respuesta rápida ante una emergencia. Barbara evita a toda costa el látex, así como

> otros alergenos, que en su caso son los gatos, los perros e incluso algunos tipos de jabón.
>
> Su trabajo como secretaria en una escuela le permite ayudar a difundir los conocimientos sobre la gravedad de la anafilaxia y cómo afrontarla. «Cuanto mejor conoce la gente esta enfermedad, más probable es que actúe con rapidez y pueda prevenir un desastre.»

Pasado y presente de la anafilaxia

Pese a los titulares espectaculares de los periódicos que hoy día proliferan por todas partes, la anafilaxia no es en absoluto una enfermedad nueva. Desde hace más de dos mil años se sabe que muchos alimentos son responsables de reacciones alérgicas en las personas sensibles. Tanto Hipócrates, el «padre de la medicina», como Galeno, médico y filósofo que durante siglos fue la autoridad médica suprema, conocían muy bien —y registraron— los casos de intolerancia a la leche. El poeta romano Lucrecio, que falleció en el año 55 a. C., escribió estas sabias palabras en *De Rerum Natura*: «*Ut quod ali cibus est aliis fuat acre venemum*», o como diríamos nosotros en la actualidad, «Lo que a uno cura, a otro mata».

Sabemos que los ataques de anafilaxia son mucho más frecuentes de lo que antes se creía. Cada año, en Estados Unidos, Europa y Japón, aproximadamente doce mil personas experimentan un ataque de anafilaxia. De éstas, unas trescientas sesenta, o posiblemente más, fallecerán de uno de esos ataques. Las causas más frecuentes son las picaduras de los insectos y las alergias alimentarias. En Estados Unidos, Europa y Japón se estima que otros siete millones de individuos que tienen antecedentes familiares de alergias pueden desarrollar reacciones anafilácticas.

Pruebas científicas recientes sugieren que en realidad el número de individuos que en la actualidad han sido identificados como fallecidos por un ataque de anafilaxia podría haberse infravalorado considerablemente. Como veremos, las personas que padecen asma presentan mayor riesgo de desarrollar una anafilaxia. Hoy en día se sabe que un 15 % de las muertes súbitas atribuidas al asma en realidad están causadas por ataques de anafilaxia. Sólo en el Reino Unido, eso aumentaría el número de muertes que cada año pueden atribuirse a la anafilaxia en alrededor de trescientas.

Las muertes por anafilaxia se producen en su mayor parte por ignorancia. Casi todas ellas podrían prevenirse. Este libro le ayudará a afrontar con confianza y eficacia una reacción alérgica que puede ser una amenaza para la vida y, en consecuencia, le ayudará a salvar su vida o la de otra persona.

¿Qué podemos hacer?

Existen tres aspectos clave que es necesario recordar para afrontar con eficacia la anafilaxia: identificación, evitación y tratamiento (IET).

En primer lugar, debe ser capaz de IDENTIFICAR un ataque de anafilaxia. Con frecuencia, una reacción anafiláctica completamente desarrollada viene precedida por una reacción de tipo alérgico más leve en una ocasión previa. Usted o su médico pueden no reconocer el significado de esta reacción inicial y, por esta razón, quedará en una situación vulnerable. Un ataque de anafilaxia completamente desarrollado puede confundirse con otras emergencias médicas, como un ataque grave de asma o un ataque al corazón (que técnicamente se denomina infarto de miocardio). Si la reacción anafiláctica no se identifica, no se administrará el tratamiento que podría salvar la vida de la víctima. El capítulo 4 explica cómo identificar la anafilaxia.

La mayoría de la gente que ha experimentado una reacción anafiláctica sabe lo que la ha causado. Si la causa no es evidente, resulta esencial tratar de averiguar cuál ha sido. Cuando sepa lo que ha causado su reacción anafiláctica, deberá EVITAR ese factor. Por ejemplo, si es alérgico a los cacahuetes, debe prestar mucha atención a las etiquetas de los productos alimentarios y conocer *todos* los ingredientes de los alimentos que consume. En el capítulo 3 revisaremos este aspecto con mayor detalle.

El principal TRATAMIENTO de la anafilaxia consiste en una inyección de adrenalina. (En algunos países, como Estados Unidos, la adrenalina se conoce con el nombre de epinefrina.)

En la anafilaxia la adrenalina es el fármaco que salva la vida de la víctima. Sin embargo, es preciso administrar la adrenalina *al principio* de la reacción anafiláctica. Si previamente ha experimentado una reacción de este tipo, es necesario que *siempre* tenga a mano adrenalina. El capítulo 5 proporciona información detallada sobre la medicación utilizada para el tratamiento de la anafilaxia.

En este libro le mostraremos cómo *identificar* la anafilaxia y las reacciones anafilácticas, cómo identificar y *evitar* los factores que las provocan y, en el caso de que experimente una reacción anafiláctica, cómo *tratarla* rápida y eficazmente.

La historia de Alicia

Alicia, de dos años de edad, fue diagnosticada como alérgica a los cacahuetes cuando sólo contaba trece meses. La niña asiste cada día a la guardería del hospital donde su madre trabaja como comadrona. El director y el personal de la guardería, junto con la madre de Alicia y los médicos, han hecho esfuerzos para desarrollar una estrategia tendente a minimizar los riesgos para la niña.

Un día el director de la guardería telefoneó a la madre de Alicia para avisarla de que estaba experimentando una reacción, la primera desde que se había establecido el diagnóstico de alergia a los cacahuetes. La mujer llegó al cabo de pocos minutos y administró a su hija una dosis de adrenalina. En aquel momento la cara de la niña estaba enrojecida y muy hinchada y casi no podía abrir los ojos. Si su madre no hubiera acudido de inmediato a la guardería, algún miembro del personal le habría administrado la adrenalina. La niña fue trasladada al servicio de urgencias, donde estuvo ingresada por espacio de veinticuatro horas hasta que se recuperó por completo.

Así pues, ¿cuál fue el error? El cocinero del hospital había preparado unas patatas fritas como guarnición del plato de carne del almuerzo en la freidora que utilizó previamente para freír croquetas a cuya pasta había añadido un puñado de cacahuetes picados. Alicia sólo comió media patata frita, pero fue suficiente para provocarle una reacción alérgica.

Capítulo 2

¿Qué es la anafilaxia?

El término «anafilaxia» procede de las palabras griegas *ana*, que significa «excesivo», y *phylaxis*, que significa «protección». Puede parecer una denominación un poco extraña, pero en realidad una reacción alérgica empieza como un mecanismo protector del organismo. Si este mecanismo no puede interrumpirse, escapa del control del cuerpo y termina perjudicándonos. El término fue introducido por el doctor Richet para designar un estado de hipersensibilidad o de reacción exagerada a la nueva introducción de una sustancia que al ser administrada por primera vez provocó una reacción escasa o nula.

Respuesta inflamatoria

La anafilaxia empieza con una reacción corporal completamente normal, que es la denominada *respuesta inflamatoria* (véase figura 2.1). Nuestro cuerpo utiliza esta respuesta para protegernos de los factores hostiles, perjudiciales, del medio ambiente, como las infecciones o las sustancias químicas nocivas. El problema de la anafilaxia es que el cuerpo pierde el control de la respuesta inflamatoria y, por alguna razón, el organismo no puede detenerla. Para comprender cómo sucede esto, necesitamos echar una ojeada a los mecanismos por medio de los cuales el organismo utiliza la respuesta inflamatoria para protegerse de los factores nocivos del medio ambiente.

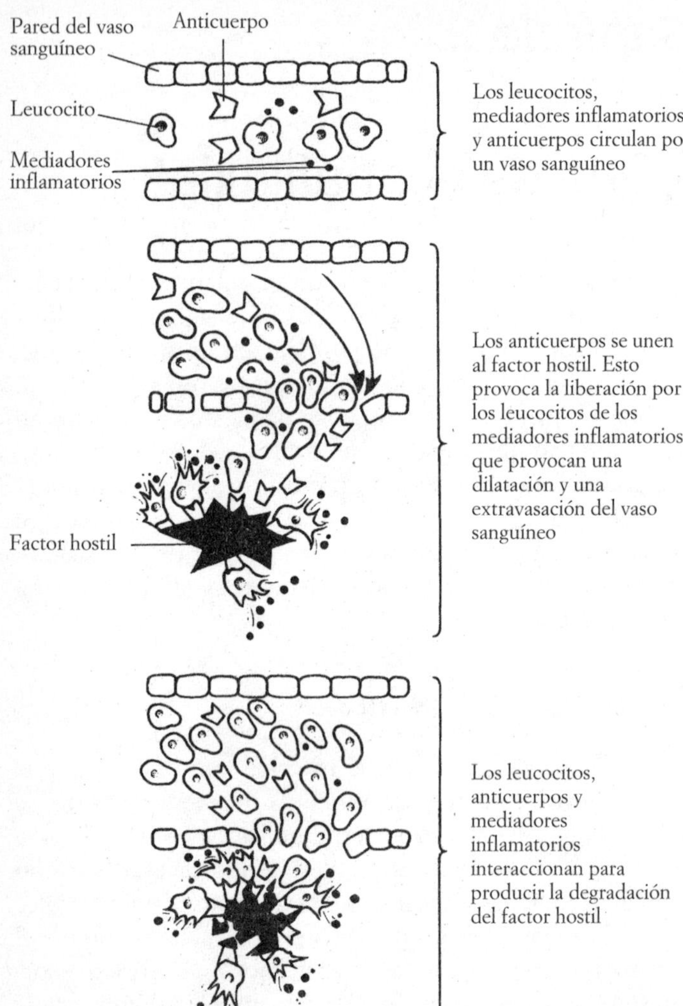

FIGURA 2.1. *La respuesta inflamatoria.*

Todos conocemos bien las respuestas inflamatorias. Por ejemplo, si inadvertidamente usted se vierte agua caliente sobre el brazo, su piel rápidamente enrojecerá y la región de la quemadura se hinchará. El enrojecimiento está causado por la dilatación de los vasos sanguíneos y el mayor flujo (afluencia) de sangre a los mismos; la inflamación, por la extravasación de los vasos sanguíneos (es decir, los vasos sanguíneos «rezuman», al igual que gotearía una tubería que tuviera un escape).

Para que tenga lugar una respuesta inflamatoria, nuestro cuerpo necesita la presencia de los leucocitos o glóbulos blancos, los anticuerpos y unas potentes sustancias químicas conocidas con el nombre de *mediadores inflamatorios*. Estas sustancias circulan por el torrente circulatorio, atraviesan las paredes de los vasos sanguíneos y pasan de una célula a otra. Los antígenos son las sustancias que, introducidas en un organismo animal, provocan la formación de anticuerpos. Por ejemplo, una bacteria es un antígeno. Los anticuerpos son sustancias específicas de la sangre y los fluidos de los animales y el ser humano producidas como reacción a la introducción de un antígeno y que ejercen una acción antagónica sobre el mismo.

La respuesta inflamatoria empieza cuando el organismo identifica un factor como hostil o nocivo y los anticuerpos se unen al mismo. Los anticuerpos provocan la descarga de los mediadores inflamatorios por parte de los leucocitos, y dichos mediadores hacen que los vasos sanguíneos que rodean al factor o factores hostiles se dilaten y se extravasen. Esto aumenta el suministro de sangre con objeto de acelerar el aporte de leucocitos, anticuerpos y mediadores inflamatorios al área afectada. Todos ellos interaccionan para degradar y eliminar el factor hostil y, de este modo, combatir la amenaza para nuestro organismo. Una reacción alérgica se produce cuando el cuerpo desencadena una reacción inflamatoria contra un factor no perjudicial. Dado que el factor no es nocivo, es decir, se trata de una sustancia inocua en iguales cantidades y condiciones para otros individuos de la misma especie, se denomina respuesta inflamatoria *inadecuada*. El factor que causa dicha respuesta recibe el nombre de *alergeno* o anafilactógeno. El polen es un ejem-

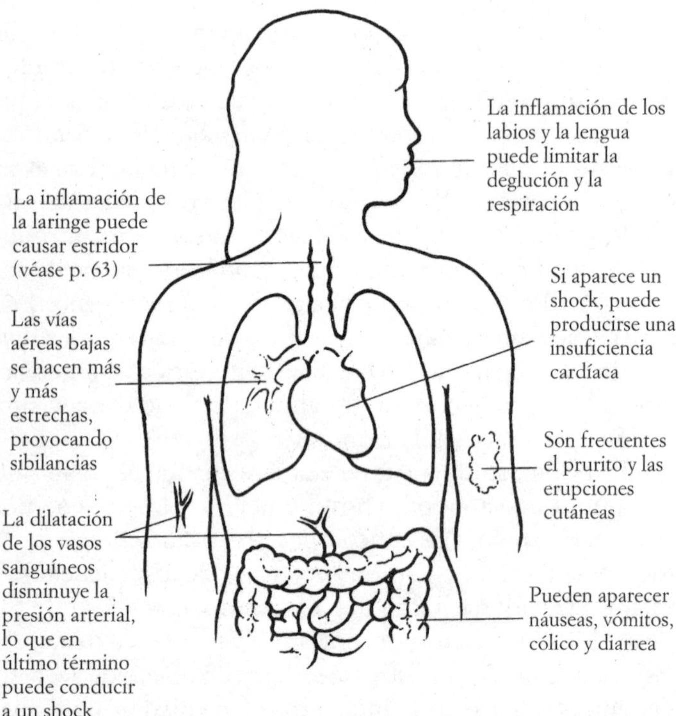

FIGURA 2.2. *Efectos de la anafilaxia sobre las diferentes regiones del organismo.*

plo común de un alergeno. Las personas que sufren fiebre del heno son alérgicas al polen. Cuando lo inhalan, se produce una reacción inflamatoria inadecuada de la mucosa de la nariz. Los vasos sanguíneos extravasados provocan la clásica congestión nasal y la mucosa de la nariz se enrojece y se inflama.

Inflamación y anafilaxia

En un ataque anafiláctico, la reacción alérgica escapa del control del organismo y como consecuencia aparece una *inflamación sistémica* (que significa inflamación de todo el cuerpo). Esto quiere decir que todos los vasos sanguíneos se dilatan y se extravasan, provocando diferentes efectos en las distintas partes del cuerpo. En la piel, aparecen unas grandes ampollas denominadas ronchas. En el interior de la boca, la lengua puede hincharse. La inflamación de los intestinos puede provocar diarrea o vómitos. Sus manos parecen estar llenas de agua, como si llevara guantes transparentes.

Las dos regiones donde los efectos de la inflamación sistémica resultan más peligrosos son las vías aéreas y el sistema circulatorio.

¿QUÉ OCURRE EN LAS VÍAS AÉREAS?

Las vías aéreas están construidas como un árbol al revés. Las superiores o altas —la tráquea y la laringe— son más anchas; las inferiores o bajas, los bronquios, llegan hasta los pulmones, donde se ramifican cada vez más hasta convertirse en vías aéreas muy finas, denominadas *bronquio-*

los. Los bronquiolos terminan en grupos de sacos llenos de aire denominados alvéolos y que parecen racimos de uvas. En los alvéolos se produce el intercambio de gases. El oxígeno procedente del aire que inspiramos pasa a la sangre, de modo que puede ser transportado a cada célula, y el dióxido de carbono es eliminado junto con el aire que espiramos.

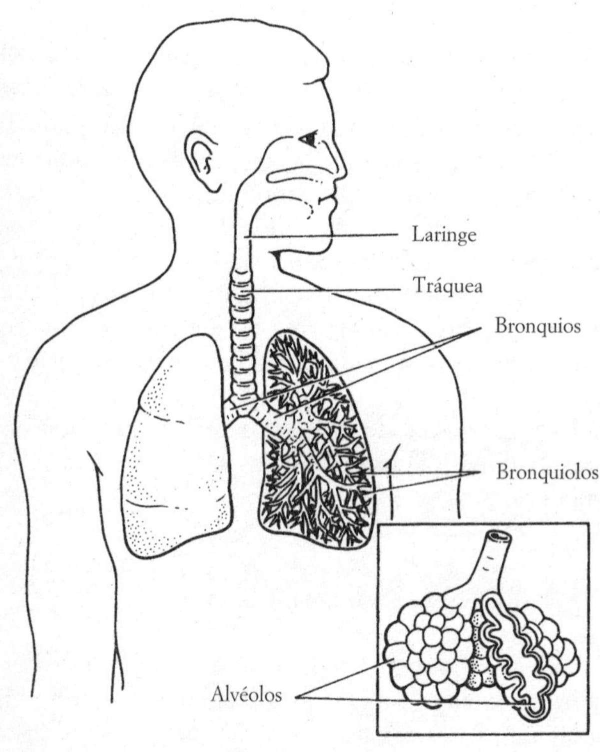

FIGURA 2.3. *Interior de los pulmones.*

El problema radica en que la parte externa de todas las vías aéreas, excepto las de calibre más pequeño, es muy rígida. Cuando se produce una inflamación de la mucosa, ésta sólo puede expandirse hasta el hueco central del conducto, que se denomina luz (véase figura 2.4). Por consiguiente, las vías aéreas se vuelven tan estrechas que el aire apenas puede atravesarlas, lo cual produce una dificultad respiratoria extrema, que en último término se agrava hasta el punto de que la persona afectada no puede respirar y en consecuencia sufre un paro respiratorio que le conduce a la muerte.

¿Qué ocurre en el sistema circulatorio?

El corazón y los vasos sanguíneos juntos forman el sistema circulatorio. El corazón es una bomba muy sofisticada. Su

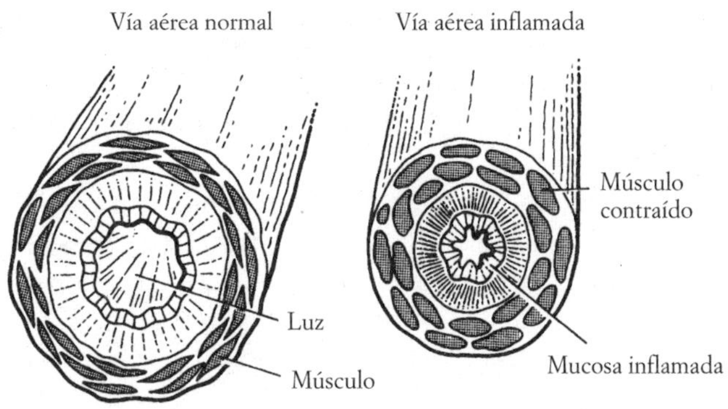

FIGURA 2.4. *Interior de una vía aérea normal y de una vía aérea inflamada.*

función es bombear sangre a todo el organismo, para suministrar oxígeno y los nutrientes necesarios a todas las células del cuerpo. Los vasos sanguíneos al cruzar los pulmones recogen el oxígeno inspirado, y los vasos sanguíneos atraviesan los intestinos recogiendo los nutrientes, como resultado de la digestión de los alimentos.

Cuando se produce una reacción anafiláctica, los vasos sanguíneos se dilatan y se extravasan y cada vez existe menos cantidad de sangre para ser bombeada por el corazón. En último término, si la cantidad de sangre es insuficiente, la presión arterial desciende cada vez más y la víctima de una reacción anafiláctica entra en estado de shock.

El **shock** es un proceso médico que reviste suma gravedad. En la anafilaxia, se produce porque la inflamación provoca una disminución crítica del suministro de sangre a los órganos importantes, como los pulmones, riñones, hígado, intestino y, quizá el más importante, el cerebro. Si el shock no se trata satisfactoriamente, todos estos órganos vitales se ven privados del oxígeno y los nutrientes esenciales, lo que se traduce en una insuficiencia de múltiples órganos y la muerte.

Aquí es muy importante distinguir entre el shock médico y las otras utilizaciones del término, como experimentar un shock o una impresión debido a un ruido súbito. El primero es muy grave, el segundo no.

En definitiva, la anafilaxia es una reacción alérgica que reviste suma gravedad y es consecuencia de la inflamación que experimenta todo el cuerpo. Resulta peligrosa porque la inflamación de las vías aéreas puede dificultar o impedir la respiración de la víctima, y la extravasación y vasodilatación de los vasos sanguíneos pueden conducir a un colapso circulatorio debido a la disminución de la presión arterial.

Para tratar de prevenir la anafilaxia, es preciso comprender sus causas. En el siguiente capítulo describiremos los diferentes factores que desencadenan esta reacción alérgica exagerada.

Capítulo 3

¿Cuáles son las causas de la anafilaxia?

La anafilaxia está causada por una sustancia o factor (es decir, el alergeno) al que la persona que la padece es sumamente alérgica. Las causas más frecuentes de alergia y anafilaxia incluyen los alimentos, especialmente leche, huevos, pescado y marisco, chocolate, tomates, cebollas, ajo, frutos secos (sobre todo nueces y cacahuetes), fruta, como las fresas y el melón, y especias, así como los aditivos y colorantes que contienen numerosos alimentos. Son aditivos naturales de los alimentos los fermentos, el ácido cítrico, el huevo y la albúmina de pescado. Asimismo, los fermentos pueden ser responsables de urticaria y anafilaxia. Existen fermentos en el pan y productos de panadería, salchichas, vino, cerveza, uva, queso, vinagre, alimentos adobados, catsup y las tabletas de levadura. Los colorantes como la tartracina también pueden actuar como alergenos, y se encuentran en los refrescos, gelatinas, mermeladas, flan, budines, pasteles, mayonesa, salsa en conserva para ensalada, sopas de sobre, anchoas y las pastas dentífricas coloreadas.

Por otra parte, en numerosas personas el shock anafiláctico está causado por las picaduras de insectos, el látex, algunos fármacos (p. ej., penicilina y penicilinas semisintéticas como la amoxicilina y la carbenicilina, sulfamidas, yoduros, mercurio, vacuna antipoliomielítica, etc.), el ejercicio, sobre todo intenso, el estrés o una combinación de los mismos. En algunos individuos no se encuentra una causa responsable de la reacción de anafilaxia, y en otros está causada por factores raros o insólitos.

Alergia a los frutos secos y semillas

CACAHUETES

En los países occidentales el consumo de frutos secos es muy elevado. Por ejemplo, cada año un estadounidense medio consume aproximadamente cinco kilos de productos alimentarios que contienen cacahuetes, de los cuales alrededor de la mitad corresponde a la mantequilla de cacahuete, mientras que el resto incluye dulces, alimentos horneados y frutos secos. Además, del cacahuete se obtienen harina y aceite. La mantequilla de cacahuete se elabora mediante un proceso de torrefacción, blanqueado por calor seco y molienda fina de los cacahuetes. A pesar de que en otros países el consumo de cacahuetes no es tan elevado como en Estados Unidos, en general los frutos secos gozan de una gran popularidad en todo el mundo.

El cacahuete es una leguminosa, *Arachis hypogaea*, una planta herbácea de la familia de las papilionáceas que procede de la América tropical. Se cultiva por sus semillas comestibles, que acaban de madurar bajo tierra adquiriendo una forma alargada, y es característica su cáscara dura de color amarillo. Algunas personas que son alérgicas a los cacahuetes también pueden desarrollar alergias a otras plantas leguminosas, como la soja, los guisantes y las judías.

En los últimos años los medios de comunicación han tildado a los cacahuetes de auténticos asesinos. «Niños en peligro debido al consumo de cacahuetes», se lamentan muchos titulares de periódico, helando la sangre en las venas de las personas para las que la anafilaxia es una triste realidad. Naturalmente, el verdadero «asesino» es nuestra propia ignorancia y nuestra falta de preparación para afrontar los peligros que los cacahuetes podrían entrañar, en especial cuando su presencia en numerosos productos alimenticios pasa desapercibida.

La historia de Sara

Sara había padecido asma desde que tenía tres años de edad. Había sido ingresada en el hospital en diversas ocasiones con episodios muy graves de asma. Los ataques habitualmente aparecían después de que contrajese un resfriado grave que le afectaba al pecho. También padecía eccema y una alergia moderada a varios alimentos, incluyendo todos los lácteos, el pepino y los cacahuetes. Sara conocía muy bien los alimentos que desencadenaban sus reacciones alérgicas y trataba prudentemente de evitarlos.

En 1993, cuando tenía diecisiete años, un día acababa de regresar a su casa después de una tarde de compras cuando de repente se sintió mal. Presentaba sibilancias y tenía una sensación extraña en la boca. Podía distinguir claramente que su estado era diferente de un ataque de asma «normal». A medida que su respiración empeoraba, su madrastra decidió llamar al médico, el cual aconsejó el ingreso inmediato de Sara en el hospital. Sin embargo, era demasiado tarde; Sara sufrió un colapso y murió al cabo de pocos minutos.

El misterio de su muerte se explicó cuando encontraron en su bolso el recibo de una caja registradora que indicaba que Sara había comido una porción de tarta de limón merengada en el restaurante de unos grandes almacenes. Cuando se analizaron los ingredientes de la tarta, los técnicos comprobaron que había sido decorada con cacahuetes picados espolvoreados sobre el merengue. Sara había muerto a causa del shock anafiláctico causado por el consumo de cacahuetes picados.

El aumento del número de casos de anafilaxia provocada por el consumo de cacahuetes en parte puede deberse a la temprana edad a la cual se permite que los niños los consuman. La madre que unta un poco de pan con mantequilla de cacahuete y lo ofrece a su bebé como uno de los primeros alimentos sólidos que consumirá el niño, sin querer puede estar *sensibilizando* a su hijo a los cacahuetes, con lo que establece el mecanismo que puede conducir a un ataque de anafilaxia que represente un riesgo para la vida.

Un estudio reciente de la Unidad de Investigación sobre Alergia de la isla de Wight puso de manifiesto que uno de cada 75 niños se ha sensibilizado a los cacahuetes a los cuatro años de edad (a pesar de que esto no significa ni mucho menos que todos esos niños corran un riesgo de anafilaxia grave). En Southampton, un gran proyecto reciente de investigación sobre cacahuetes ha puesto de manifiesto que un número cada vez mayor de niños se están sensibilizando a los mismos a una temprana edad, y ha sugerido que los bebés alimentados al pecho incluso podrían sensibilizarse a los cacahuetes y a otros alergenos a través de la leche materna.

Sensibilización

Las personas que experimentan alergias es muy probable que tengan una *tendencia atópica*. Esto significa que sus genes determinan en ellas una tendencia a desarrollar alergias. De hecho, hace poco los investigadores hallaron el llamado gen de la atopia. Y estos mismos genes también aumentarán las posibilidades de las personas atópicas de sufrir fiebre del heno, asma y eccema. La tendencia atópica tiene un carácter familiar, razón por la cual puede que se encuentre con que, si es usted anafiláctico, sus familiares más próximos sean asmáticos, experimenten fiebre del heno o eccema. Sin embargo, tener una tendencia atópica no necesariamente significa que padecerá cualquiera de las enfermedades mencionadas previamente, pero es mucho más probable.

En la anafilaxia, cuando usted entra en contacto por primera vez con el factor causante de la reacción alérgica, puede no producirse ninguna reacción visible al mismo. Sin embargo, a partir de ese momento se habrá *sensibilizado* a dicho factor: su sistema inmunitario lo ha «apuntado», identificándolo erróneamente como un factor nocivo, por lo que ha alertado a su cuerpo para que reaccione intensamente siempre que exista una exposición a dicho factor (véase cap. 2).

Factores ambientales

Los factores que no son de índole genética y que también influyen de manera considerable en el desencadenamiento de la atopia y la alergia se consideran ambientales y guardan relación con el momento en que se inicia la exposición al antígeno por primera vez en la vida, con la cantidad de alergeno y con factores coadyuvantes. El ambiente doméstico es un factor tan importante en el desarrollo y en la aparición de síntomas alérgicos como el medio externo. Los primeros años de la vida son muy importantes, ya que en esa época se produce la primera exposición al alergeno. Una exposición precoz a los animales domésticos o a proteínas por el consumo de ciertos alimentos puede aumentar el riesgo de padecer enfermedades alérgicas. Otros factores que influyen en el desarrollo de la alergia son los que alteran la permeabilidad de la mucosa de las vías aéreas, como la polución del aire por el tráfico, el tabaco, los disolventes orgánicos, los pesticidas, los aerosoles, las pinturas y las casas mal ventiladas y húmedas.

Uno de los principales derivados del cacahuete es el *aceite de cacahuete*, que se extrae por medio de un proceso de presión. Este aceite se utiliza para cocinar, en la fabricación de jabones y asimismo de productos farmacéuticos. Algunas de las cremas que utilizan las madres en período de lactancia para aliviar las grietas de los pezones contienen aceite de cacahuete con un nombre diferente, aceite aráquico. Inevitablemente, este aceite es ingerido por los bebés junto con la leche materna. Además, el aceite de cacahuete también se utiliza en la elaboración de algunas de las cremas utilizadas para aliviar los exantemas de las nalgas de los bebés y, por esta razón, puede ser absorbido a través de las fisuras de la piel del lactante.

Es importante conocer los otros nombres de los cacahuetes y el aceite de cacahuete. Los cacahuetes también se conocen con el nombre de manís, y el aceite con el de aceite aráquico o aceite de maní, y puede ser uno de los ingredientes de un aceite vegetal. Recientemente se ha sugerido que el aceite de cacahuete refinado podría no ser alergénico. Sin embargo, la investigación sobre este aspecto todavía está en curso.

Alimentos y preparaciones que pueden contener cacahuetes o aceite de cacahuete

Cacahuetes

Mantequilla de cacahuete, frutos secos con baño de chocolate, barritas de consumo rápido a base de chocolate, pan, galletas, pasteles, helados, frutos secos variados, cacahuetes salados, cereales para el desayuno, almendras con baño de chocolate, trufas, bombones, comida china, tailandesa e indonesia, salsa satay, platos en salsa de curry, chile en polvo, ensaladas, salsa hecha con el jugo de la carne asada, algunas salsas para pasta, hamburguesas vegetales, comida vegetariana, aliños para ensaladas y la guarnición de numerosos alimentos.

Aceite de cacahuete

Aceite para cocinar, gelatina, helado, sopas, sardinas en conserva, margarina, grasa para cocinar, algunas leches en polvo para lactantes, cremas para las grietas de los pezones, cremas para las nalgas de los bebés, gotas para los oídos, manteca de cacao, apósitos, cremas a base de antibióticos, otras cremas utilizadas en odontología, barras de labios y aceites para masaje.

Otros frutos secos

La anafilaxia también puede estar causada por otros frutos secos, como las nueces del Brasil, almendras, nueces, avellanas o anacardos. Los frutos secos se utilizan mucho en la producción de alimentos y su presencia no necesariamente es evidente por el sabor o el aspecto del producto alimenticio. En 1995 una mujer experimentó un colapso y falleció poco después de consumir mantequilla de nuez durante la celebración del día de Navidad en Manchester. Esta mujer sabía que era alérgica a los frutos secos, pero no que eran uno de los ingredientes de la comida preparada que consumió.

Las reacciones a los frutos secos no sólo están causadas por su consumo. La aromaterapia, un área popular de la medicina alternativa, utiliza mezclas de aceites de masaje muy fragantes y a menudo potentes para tratar de aliviar algunas dolencias concretas. El aceite de almendra es un ingrediente muy común de los aceites de aromaterapia, y se sabe que fue el responsable de un episodio en una paciente anafiláctica que no sabía que el ingrediente principal del aceite de aromaterapia con el que le estaban dando masajes era aceite de almendra.

Aunque a partir de estos ejemplos resulta evidente que es necesario tratar de verificar la presencia de cacahuetes y los distintos frutos secos en los productos que consumimos y en los que nos aplicamos, como una barra de labios, una crema o aceite de aromaterapia, le tranquilizará saber que el antídoto para estas reacciones, la adrenalina, es un fármaco accesible y muy eficaz que cualquier persona que padece anafilaxia debería tener siempre a mano (véase cap. 5). Para alguien que ha experimentado un episodio anafiláctico de gravedad resulta muy tranquilizador saber que su problema médico puede aliviarse rápidamente con medicación.

> ## *La historia de Raquel*
>
> Un día Raquel estaba merendando en la escuela con sus amigos. Uno de ellos le ofreció un sándwich a otro y Raquel se lo pasó cogiéndolo con la mano. Después distraídamente se lamió el dedo que se había manchado. El sándwich contenía mantequilla de cacahuete y Raquel sufrió una grave reacción alérgica. Por suerte, precisamente esa semana sus profesores habían recibido un curso sobre la administración de las inyecciones de adrenalina y el director le administró una a Raquel. Probablemente esta acción rápida le salvó la vida.

SEMILLAS DE SÉSAMO

El sésamo (*Sesamum indicum*) se cultiva desde tiempos muy remotos en regiones de África, la Europa oriental, la India, China y Centroamérica. Es muy rico en proteínas, y las semillas que se encuentran dentro del fruto se trituran finamente y se utilizan en platos como el *tahini* y otros platos tradicionales de las cocinas orientales. El aceite de sésamo se extrae de las semillas, habitualmente mediante el proceso tradicional de calentamiento, presión y extracción. También puede obtenerse mediante un proceso denominado de «presión en frío». Se cree que éste tiene mayores probabilidades de provocar problemas a las personas con anafilaxia, ya que las temperaturas elevadas pueden destruir los alergenos contenidos en el sésamo.

Muchas personas han experimentado reacciones alérgicas muy graves a las semillas de sésamo. Con la tendencia hacia una alimentación más saludable, éstas se emplean cada vez más en la comida vegetariana, muy a menudo como un ingrediente oculto de salsas, pastas para untar y patés, así como combinaciones de especias. También es probable que sean un ingrediente frecuente de los alimentos consumidos por los niños, ya que suelen espolvorearse en los bollos de las omnipresentes hamburguesas. Incluso el sésamo está apareciendo en las listas de ingredientes de algunas bebidas con gas, que supuestamente son «saludables». Por otra parte, el aceite de sésamo se utiliza con profusión en la cocina china y griega, y también puede encontrarse como ingrediente de algunas cremas de belleza para el cutis.

Otros alimentos

Muchos otros alimentos pueden provocar y han causado episodios anafilácticos leves o graves. Estos alimentos incluyen la leche, el pescado, el marisco, fruta como las fresas o el melón, las verduras y los cereales. Es importante tener en cuenta que, puesto que se trata de una reacción alérgica, la anafilaxia puede estar desencadenada casi por cualquier producto. Toda persona que trata de averiguar la causa de una reacción de anafilaxia no debe limitarse a los alergenos que ya conoce, sino que es preciso que investigue todas las posibilidades.

Esto es especialmente complicado en el caso de los alimentos procesados, porque en ocasiones resulta muy difícil descubrir los ingredientes exactos que contienen. En el capítulo 6 examinaremos el etiquetado de los alimentos y revisaremos cómo la industria alimentaria trata de abordar la conciencia de que un alimento que contiene incluso el indicio más insignificante de un alergeno tiene la posibilidad de provocar la muerte.

PRODUCTOS LÁCTEOS

Como ya hemos mencionado, las alergias a la leche no son nuevas; existen informes de que esta alergia se identificó por primera vez en la época de los romanos. Una serie de estudios han puesto de manifiesto que entre un 2 y un 3% de los bebés pueden ser alérgicos a las proteínas de la leche de vaca. Las fórmulas infantiles a base de leche de vaca y de leche de soja pueden provocar reacciones alérgicas en los bebés con tendencia atópica. La buena noticia es que aproximadamente un 75 % de los niños alérgicos a la leche de vaca en la época de la lactancia pueden tolerar la leche cuando llegan a los cuatro o cinco años de edad.

HUEVOS

Los huevos son uno de los alergenos más frecuentes que afectan a los lactantes entre los seis y los nueve meses de edad. Sin embargo, en muchos niños esta alergia finalmente acaba por remitir. El principal alergeno del huevo es una proteína que se encuentra en la clara. La vacuna del sarampión, parotiditis y rubéola (la llamada vacuna triple vírica) se desarrolla en cultivos preparados a partir de embriones de pollo, y es posible que un niño alérgico a los huevos también reaccione a la vacuna. En general, puede seguir administrándose, pero siempre bajo un control médico cuidadoso.

Picaduras de insectos

El veneno o toxinas inoculados por las picaduras de muchos insectos contiene una potente y compleja mezcla de alergenos que incluyen enzimas, histamina y otras proteínas. Puesto que la combinación de alergenos es tan compleja, en la actualidad no se dispone de un antídoto individual frente a los venenos de las picaduras de insectos.

Entre un 15 y un 25 % de la población experimentará una reacción alérgica a los venenos inoculados a través de las picaduras de insectos, aunque eso no significa que todas esas personas corran el riesgo de sufrir una reacción alérgica que ponga en peligro su vida. El riesgo de muerte por una anafilaxia debida a la picadura de un insecto es mayor en los adultos de más de cuarenta años. En el Reino Unido, la proporción de dichas muertes entre hombres y mujeres es aproximadamente idéntica. En Estados Unidos, cada año mueren de cincuenta a ciento cincuenta personas debido a una anafilaxia por la picadura de un insecto.

Al igual que es probable que se produzcan un mayor número de muertes por anafilaxia de las registradas oficialmente, también es posible que éste sea el caso en relación con las picaduras de insectos. Un estudio de 1995 puso de manifiesto que en siete de cada 27 muertes súbitas no explicadas se identificaban anticuerpos frente a un veneno presente en el organismo, lo que sugería que la víctima había sufrido recientemente una picadura.

La familia de insectos cuyas picaduras pueden provocar una reacción alérgica grave es la de los himenópteros. Existen tres clases principales: los *ápidos*, los *véspidos* y los *formícidos*.

ABEJAS

Los ápidos incluyen la abeja común o doméstica (*Apis mellifica*) y el abejorro (*Bombus agrorum*). Genéricamente estos insectos se caracterizan por presentar en la parte distal del abdomen un aguijón a través del cual, cuando el insecto es irritado, inocula el veneno que posee. El aguijón de la abeja es el órgano que le sirve para depositar sus huevos, denominado *ovipositor*. El veneno contiene numerosas sustancias químicas, de las cuales, las más importantes para producir un shock anafiláctico son la melitina y la fosfolipasa, el principal agente sensibilizante y responsable de los shocks anafilácticos. Cuando pica, el aguijón de la abeja queda clavado, rompiéndose la parte distal de su abdomen, lo que le produce la muerte. En todos los casos, sólo pican las hembras, ya que el macho no tiene aguijón. La abeja puede picar para defender su colonia y, por esta razón, los apicultores presentan un mayor riesgo de sensibilizarse a su veneno. En cambio, los abejorros rara vez son agresivos.

AVISPAS Y AVISPONES

Los véspidos incluyen las avispas y los avispones. Existen muchos tipos de avispas, las cazadoras, las comunes, las cavadoras, las de «mancha amarilla» y los llamados crabrones. Las avispas son muy agresivas, en especial a medida que se acerca el término del verano y sus fuentes de alimentos escasean. Se dedican a hurgar y escarbar en áreas densamente pobladas, como playas, parques, jardines y los cubos de la basura. La avispa común corresponde a la especie *Vespa germanica* y se caracteriza por un cuerpo fusiforme con una coloración de bandas negras anchas alternadas con bandas amarillas más estrechas. La construcción de los avisperos se efectúa con fibras vegetales masticadas por las avispas. Suelen colocar los avisperos debajo de los balcones, cornisas, en los huecos de una pared o en el interior de construcciones de madera. La picadura de una avispa no supone la muerte del animal como ocurre con las abejas. Las avispas son la causa más frecuente de anafilaxia por picaduras de insectos y causan el doble de muertes que las abejas. Las picaduras más peligrosas son en la cabeza o el cuello, ya que conducen muy rápidamente a la obstrucción de las vías aéreas.

El peligro causado por el veneno de una avispa está siempre presente. Muchas veces pican a una persona en su casa, donde la víctima se consideraba a salvo. Una mujer experimentó una grave reacción anafiláctica tras la picadura de una avispa que había caído en su cama y un hombre murió después de pisar una avispa en su jardín. A continuación se describe la historia de Anita, que pone de relieve lo peligrosas y temibles que pueden ser las avispas.

La historia de Anita

Anita vive en la gloriosa campiña inglesa, cerca de campos de linaza y de colza de color amarillo brillante. Cuando el recuento de pólenes es elevado, padece conjuntivitis y sinusitis. En la actualidad tiene cincuenta y dos años, y nunca había sufrido la picadura de una avispa hasta siete años atrás.

Sin que Anita lo supiera, en el alero que se encontraba justo sobre su dormitorio había un nido de avispas. Inicialmente la avispa le picó en un lado y apareció una roncha de gran tamaño y de color rojizo. Unos diez días más tarde, recibió dos picaduras en una sola noche, justo debajo de la rodilla. Su pierna se hinchó notablemente y sentía como si una corriente eléctrica atravesara todo su cuerpo. Ni siquiera podía soportar la presión de la ropa. Cuando visitó a su médico, éste le indicó que probablemente la picadura había afectado a un nervio y le recetó un antibiótico. Aunque parezca mentira, diez días más tarde Anita fue víctima de una nueva picadura.

Esta vez sufrió una espectacular reacción. Su piel adoptó un color rojo brillante y se cubrió de ronchas. Anita empezó a sudar abundantemente. Asimismo, notaba una desagradable sensación de tirantez y opresión en la boca y la garganta y tenía considerables dificultades para respirar. Estaba muy asustada, y de repente perdió el conocimiento. Su marido llamó al médico (¡por fortuna no al mismo que la visitó en la ocasión anterior!) y éste le administró una inyección de adrenalina. La reacción remitió y después de cinco días Anita empezó a sentirse mejor.

Hoy día Anita siempre lleva inyecciones de adrenalina y antihistamínicos para poder controlar un episodio de anafilaxia, en caso de que se presente. Siempre cierra las ventanas de su casa, evita la playa y las piscinas y casi nunca conduce sola, y si lo hace, siempre cierra las ventanillas de su automóvil.

Pero sigue preocupada. «No me gusta estar sola, pues me asusta la idea de padecer otro ataque. Sé que he tenido mucha suerte, ya que mi reacción anafiláctica fue tratada a tiempo, y sin embargo me siento un poco neurótica. Odio ir de compras y no soporto la visión de las avispas que hurgan en los cubos de basura. Tengo grandes deseos de visitar a unos viejos amigos que viven en California, pero me preocupa pensar cómo haré frente a las numerosas avispas que hay allí. No pasa un solo día en que no esté constantemente tensa y con los ojos bien abiertos escudriñando en busca de alguna avispa. Me siento casi siempre ansiosa y, aunque sé que suena dramático, tengo tendencia a pensar que cada avispa que veo es la avispa que estoy tratando de evitar...»

Los avispones o crabrones son avispas grandes de color oscuro que rara vez atacan a la gente. Se encuentran sobre todo en el sur de Inglaterra. Otras familias de avispas viven en áreas más templadas del sur de Europa.

Prevención de la anafilaxia

A toda persona ya sensibilizada es preciso sugerirle que tome las siguientes precauciones a fin de evitar una anafilaxia por la picadura de una avispa:

- Al salir al campo, llevar los alimentos bien tapados.
- No manipular arbustos o árboles que se encuentren en plena floración.
- No llevar nunca vestidos de colores llamativos.
- No caminar descalzo sobre el césped, sobre todo si tiene flores de trébol.
- No utilizar perfumes fuertes ni permanecer cerca de colmenas o zonas frecuentadas por abejas o avispas.
- Llevar siempre que salga al campo un estuche con adrenalina, antihistamínicos y una jeringuilla desechable.

HORMIGAS

Los formícidos incluyen las hormigas, de entre las cuales, las más comunes son las hormigas rojas (*Formica rufa*) y las blancas. En algunos países existe la llamada hormiga león (*Myrmeleon sp.*), cuyas especies pueden llegar a medir 25-33 mm. La picadura de la mayor parte de las hormigas es indolora, pero la de la hormiga roja resulta sumamente dolorosa. Si las picaduras son múltiples puede producirse un shock o reacción anafiláctica. Las hormigas son insectos presentes en todo el mundo, y la sensibilización a sus picaduras puede ser causa importante de un episodio de anafilaxia, debido al ácido fórmico que segregan y que actúa como alergeno.

En Estados Unidos, otro insecto cuya picadura puede causar anafilaxia es el *Triatoma proctata*, cuyo nombre vulgar es «chupasangre». Su picadura no es dolorosa, pero puede provocar prurito generalizado, inflamación, trastornos digestivos y problemas respiratorios.

Látex

El látex es el nombre común de un líquido lechoso y blanquecino producido por muchas plantas (las euforbiáceas y las asclepiadáceas), aunque el responsable de la anafilaxia es el que se extrae del árbol del caucho, denominado *Hevea braciliensis*. El árbol del caucho se cultiva en todo el mundo, pero sobre todo en Malasia. El látex se extrae efectuando una incisión diagonal en la corteza del árbol e introduciendo un recipiente en el cual se recoge el líquido. Después de algunos días se vacía el recipiente y se repite la operación en otra incisión de la corteza. La composición química del látex varía según la especie de la cual se extrae, pero fundamentalmente consta de un 50 % de agua, en la cual están disueltas o suspendidas sustancias lipofílicas, resinas, proteínas y enzimas como la lacasa y la bromelaina en estado de fina emulsión.

El látex procedente del árbol del caucho se utiliza en la fabricación de numerosos productos. El que tiene mayores probabilidades de provocar problemas a las personas que padecen anafilaxia es el utilizado para fabricar los guantes de goma. En la anafilaxia, las alergias asociadas con los guantes de látex están provocadas por las impurezas naturales de éste. Dichas impurezas se denominan *proteínas extraíbles*. Estas proteínas se encuentran presentes en todos los productos naturales a base de látex, pero la cantidad de proteína depende de lo completo que haya sido el lavado del producto durante el proceso de fabricación.

Las alergias al látex pueden iniciarse de manera local en la zona de contacto con el mismo, pero pueden conducir, y de hecho lo hacen, a una anafilaxia sistémica. Si usted se ha sensibilizado a las proteínas del látex, es muy probable que reaccione a cualquier producto que lo contenga, y no es habitual que esta sensibilización desaparezca con el tiempo.

La historia de Mandy

Mandy es alérgica al látex, pero ha necesitado mucho tiempo para identificar dicha alergia. En su familia existe una historia de atopia: su tío falleció de un ataque de asma; su marido sufre una psoriasis de carácter leve; su hija padece asma y asimismo presenta eccema. Mandy sufre asma, eccema y fiebre del heno.

Ella cree que su anafilaxia se inició en 1990, al día siguiente del nacimiento de su hijo. Estaba recibiendo una transfusión de sangre y a medida que le administraban la cuarta unidad, empezó a notar una sensación extraña. Experimentaba un picor insoportable y una irritación incontenible que le recorría todo el cuerpo; su lengua se hinchó progresivamente y notaba hormigueos, y al mismo tiempo sufrió un ataque de asma. Los médicos no le dieron ninguna explicación de esta reacción.

A medida que su hijo crecía y Mandy entró en el mundo de las fiestas infantiles, empezó a presentar reacciones alérgicas a los globos que estaban presentes en todas las fiestas, pero seguía sin relacionar este material con sus reacciones alérgicas. Por último, en 1994 experimentó una intensa reacción anafiláctica durante una revisión dental rutinaria: se le hinchó la cara, y presentaba un abundante lagrimeo ocular y graves sibilancias.

Debido al eccema, Mandy acudía regularmente a visitarse a una clínica dermatológica. Cuando refirió sus reacciones, el médico le proporcionó unos guantes sin látex para que los llevara consigo cuando visitara al dentista. Así lo hizo y la siguiente revisión dental se desarrolló sin complicaciones.

No obstante, Mandy todavía no se había dado cuenta de la gravedad del problema. En 1995 introdujo su mano en una bolsa para fiestas infantiles, llena de globos. Mandy, que no conocía su contenido, tocó un globo y después sin darse cuenta se frotó un ojo. Su cara se hinchó, no podía abrir el ojo que se había frotado con el dedo, experimentaba sibilancias y un temblor incontrolable. Su marido telefoneó al médico, que le recomendó un medicamento broncodilatador. Este tratamiento la ayudó a dormir durante algunas horas pero, cuando se despertó, comprobó asombrada que el otro ojo se había hinchado extraordinariamente y no era capaz de abrirlo. Cuando el médico la visitó, estableció un diagnóstico de reacción anafiláctica y le prescribió adrenalina, que en la actualidad lleva siempre consigo.

Mandy fue sometida a pruebas cutáneas de alergia y los médicos descubrieron que era alérgica al látex. También es alérgica a la penicilina y a los huevos.

Sin embargo, evitar el contacto con el látex en la vida diaria puede ser casi una hazaña. Un cepillo para el pelo con mango de plástico, la goma elástica de la ropa interior, los zapatos con suela de goma, etc., pueden provocar una reacción alérgica inmediata. Mandy también sospecha que las partículas de goma de los neumáticos suspendidas en la atmósfera en condiciones de tiempo muy cálido desencadenan su prurito y sus sibilancias. No puede llevar guantes de goma, y dado que se lava las manos con mucha frecuencia, siempre las tiene secas y doloridas.

Pero en la actualidad su actitud frente a la anafilaxia es positiva y optimista. «Tengo días buenos y días malos —refiere—. Nadie puede comprender lo que significa esta enfermedad si no ha sufrido alguna vez una reacción. Soy responsable de educar a mis amigos y a la familia y de controlar mi entorno. Mis hijos saben muy bien lo grave que es la anafilaxia y cómo actuar en caso de una emergencia. Incluso he persuadido al personal de la ambulancia local para que señalen con una indicación en el ordenador de los paramédicos mi alergia al látex y, en consecuencia, si me encontrara en cualquier situación urgente, el personal paramédico sabría que no debe utilizar guantes de látex.»

Los guantes de goma son una de las causas más frecuentes de anafilaxia inducida por el látex, pero existen numerosos artículos de uso diario que lo contienen. Tal como Mandy refiere, el látex no sólo está por todas partes, sino que incluso puede encontrarse en el aire ambiental. Cualquier persona puede tener un contacto con el látex; por ejemplo, los bebés succionan las tetinas y los chupetes fabricados con látex. Éste se encuentra en nuestra ropa, en los neumáticos de los automóviles, en la goma de borrar, los globos y las gomas elásticas. Aunque parezca una ironía, la mayor utilización de condones para protegernos de la amenaza de la infección por el virus de la inmunodeficiencia humana (VIH), es decir, del sida, significa que un número de personas mucho mayor que antes presentan un riesgo de anafilaxia inducida por el látex.

ALERGIAS AL LÁTEX EN EL PERSONAL DE ASISTENCIA SANITARIA

El látex se utiliza en numerosos productos sanitarios, como el esparadrapo, las vendas elásticas, los tubos de goma para la aplicación de enemas, colchones, sábanas protectoras, sondas gástricas, catéteres urinarios, drenajes de las heridas y sobre todo los guantes. Diversos informes han puesto de manifiesto que el 17 % de una muestra de personal hospitalario utiliza con regularidad guantes de látex, al igual que el 38 % de los dentistas y hasta un 50 % del personal de cirugía y que trabaja en un quirófano.

El problema de la sensibilización al látex del personal de asistencia sanitaria se ha multiplicado desde mediados de la década de los ochenta. Esto ha ocurrido porque desde la diseminación mundial del VIH y del virus de la hepatitis, se ha producido un incremento extraordinario en la utilización de guantes de látex. Antes de estas infecciones devastadoras, muy pocos trabajadores de asistencia sanitaria, a excepción del personal de quirófano, utilizaban guantes.

El aumento de la demanda ha conducido a una verdadera explosión del número de guantes que se fabrican. En 1987 existían en Malasia unos veinticinco fabricantes de guantes de látex; en 1990 ya eran más de cuatrocientos. Debido a la dura competencia entre fabricantes, se ha tratado de reducir los costes, especialmente disminuyendo el proceso de lavado durante la fabricación de los guantes.

En el Reino Unido, el Servicio Nacional de Salud compra cada año más de doscientos millones de guantes. En Europa, anualmente se utilizan 2,4 millardos, y en Estados Unidos, 8,5 millardos.

El látex también constituye una amenaza para los pacientes sensibilizados a esta sustancia. Los riesgos fluctúan desde el examen del dentista que utiliza guantes de látex hasta someterse a una intervención quirúrgica en la que se utilizan productos a base de látex.

Reacciones alérgicas al «talco o polvo de los guantes»

Frecuentemente se considera que el polvo utilizado para facilitar la colocación de los guantes, que puede ser talco o un producto similar a la maicena, constituye un alergeno, pero esto no es exactamente así. En realidad, existen dos problemas asociados con el polvo de los guantes. El primero es que puede tratarse de un irritante cutáneo y por esta razón empeorar una enfermedad de la piel. En segundo lugar, los alergenos procedentes del látex pueden unirse al polvo y ser transportados por el aire, con lo que aquél puede inhalarse con facilidad y desencadenar una reacción alérgica en cualquier persona que presente una tendencia o predisposición atópica.

LÁTEX Y FRUTA

Cuando una sustancia provoca una reacción inflamatoria en nuestro cuerpo, se debe a que dicha sustancia ha sido reconocida, por error, como un factor nocivo. Lo que activa la respuesta inflamatoria es la *forma* de las proteínas de la sustancia. Algunas de las proteínas del látex tienen la misma forma que otras completamente diferentes que están presentes en algunas frutas, incluyendo los aguacates, plátanos, kiwis, tomates, mangos y avellanas. Por consiguiente, una persona cuya anafilaxia está desencadenada por el látex puede padecer la misma reacción tras el consumo de cualquiera de estas frutas.

Otras causas de anafilaxia

FÁRMACOS

El fármaco que más frecuentemente causa una anafilaxia es el antibiótico *penicilina* y todos sus derivados (p. ej., amoxicilina), en especial en inyección, más que tomados en forma de comprimidos o de suspensión. Sin embargo, la anafilaxia causada por la penicilina es poco frecuente. Si su médico decide prescribírsela, habitualmente le preguntará si es usted alérgico a este medicamento. Muchas personas experimentan una reacción a este fármaco; por ejemplo, pueden sentir náuseas o incluso vomitar. Una simple reacción al fármaco no es lo mismo que sufrir una reacción anafiláctica, a pesar de que los efectos de la reacción pueden parecer similares a los estadios iniciales de la anafilaxia.

Las reacciones adversas o secundarias en la piel representan el 35 % del total de las reacciones observadas en un servicio de urgencias y, de ellas, el 60 % son de carácter alérgico, lo que significa que las reacciones alérgicas son probablemente las reacciones adversas más frecuentes.

Es posible, aunque excepcional, experimentar reacciones anafilácticas a casi cualquier medicamento. Si usted sabe que es alérgico a un fármaco concreto, incluyendo los que se utilizan en anestesia, asegúrese de que el médico que le trata o le extiende una receta también conoce sus alergias.

Ejercicio

El ejercicio físico es una causa conocida de anafilaxia. Algunas personas pueden sentirse desconcertadas, ya que la mayor parte del tiempo practican ejercicio sin ningún problema. Parece ser que podría tratarse de la adición de algún otro factor, como un alimento concreto o incluso el estrés, que puede causar anafilaxia cuando se combina con el ejercicio.

Estrés

Tal como se describe en el capítulo 7, los efectos del estrés sobre nuestro cuerpo son muy amplios y en ocasiones difíciles de explicar. El estrés puede provocar una anafilaxia, sobre todo si se combina con otra causa conocida.

Anafilaxia idiopática

Éste es el término utilizado para la anafilaxia en la que no parece identificarse ninguna causa desencadenante. Algunas personas han experimentado un shock anafiláctico completo y no se ha podido encontrar una explicación satisfactoria del episodio. En muchos aspectos la idiopatía es la forma más temible de anafilaxia. En el capítulo 7 revisaremos las implicaciones del miedo a la anafilaxia.

Resumiendo, hay que buscar las causas de la anafilaxia en los diversos factores cotidianos a los que la mayoría de nosotros nos exponemos a diario. Dichos factores fluctúan desde las picaduras de las avispas hasta los cacahuetes, y del látex al estrés, y en una minoría de casos no logran identificarse. La anafilaxia también puede estar causada por factores mucho más raros que sólo afectan a una minoría de individuos. Por esta razón, una persona puede experimentar una reacción de anafilaxia sin que se diagnostique como tal porque no se descubre ninguna causa evidente. No obstante, ante una emergencia, si sabe que la persona afectada es propensa a las alergias o a la atopia, o si identifica cualquiera de las características conocidas de una reacción anafiláctica, trate a la víctima como si fuera una anafilaxia tan rápidamente como le sea posible (tal como se describe en el capítulo 5). El mensaje que deseamos transmitir es: *en caso de duda, tratar.*

Capítulo 4

Cómo identificar la anafilaxia

Es de vital importancia reconocer una reacción anafiláctica lo antes posible, con objeto de poder administrar un tratamiento urgente destinado a salvar la vida de la víctima. Esto en ocasiones resulta difícil. Las características precoces de la reacción pueden ser sutiles y difíciles de reconocer, o bien revestir mucha gravedad, por lo que podrían confundirse con otras urgencias médicas. Puede ayudarle familiarizarse tanto con las características precoces de la reacción de anafilaxia como con las de una reacción completamente desarrollada.

Las manifestaciones de la anafilaxia aparecen con gran rapidez si el alergeno es, por ejemplo, un medicamento administrado en inyección. Si se trata de un alergeno ingerido, ya sean fármacos o alimentos, las manifestaciones de anafilaxia tardan más en aparecer, pongamos de una a dos horas, y pueden ser menos intensas que en el caso de un alergeno administrado en inyección, pero igualmente cabe afirmar que son muy graves.

Características precoces de la anafilaxia

Las características incipientes de la anafilaxia pueden afectar a cualquier región del cuerpo e incluir lo siguiente:

- Sensación de hormigueo (parestesias) o sensación urente (como una quemadura) en la lengua y los labios.
- Dificultades respiratorias debido a la sensación de opresión y tirantez existente en la garganta, laringe o pecho.
- Aparición de pequeñas ampollas o vesículas en la piel.
  También puede empezar a sentir un intenso prurito (picor) por todo el cuerpo o la piel puede enrojecer intensamente (eritema).
- Estornudos, congestión nasal, lagrimeo ocular y escozor conjuntival acompañado de prurito.
- Náuseas y vómitos.
- Sensaciones de aprensión, inquietud y ansiedad.

Las características incipientes de un ataque de anafilaxia son muy variables. Algunas víctimas experimentarán la mayor parte de ellas, mientras que otras sólo una o dos. Si es usted alérgico a algún alimento, las características iniciales más probables serán una sensación de hormigueo o urente en la lengua o los labios, mientras que si lo es al látex, la región de piel que está en contacto con éste será la primera que probablemente enrojecerá y se llenará de ampollas.

Características de la anafilaxia completamente desarrollada

Las características iniciales de esta reacción no siempre originarán como consecuencia un cuadro de anafilaxia completamente desarrollado, pero es muy posible que evolucionen de menor a mayor gravedad. Si aparece una reacción anafiláctica completamente desarrollada, algunas de las características incipientes llegarán a ser más pronunciadas. Éstas pueden incluir:

- Estornudos, pulsaciones en los oídos y tos.
- La lengua y/o los labios se hinchan considerablemente. De hecho, la lengua puede llegar a estar tan hinchada que no cabe en la boca y sobresale.
- Un número cada vez mayor de ronchas rojas, de gran tamaño y sobreelevadas, aparecen por todo el cuerpo. Su nombre técnico es urticaria.
- Sensación de muerte inminente y miedo intenso. Los efectos especialmente peligrosos son los que inciden en las vías aéreas y el sistema circulatorio, y en numerosas ocasiones la gente que sufre una reacción anafiláctica tiene la sensación innata del peligro al que se enfrenta a medida que ésta se desarrolla.
- La mucosa de las vías aéreas se inflama cada vez más, por lo que se estrecha el espacio a través del cual el oxígeno puede alcanzar el torrente circulatorio. Cuando se inflama la mucosa de las vías aéreas superiores —la laringe y la tráquea—, al inspirar aire se produce un ruido áspero que se denomina *estridor*. Cuando lo hace la de las vías aéreas inferiores —bronquios y bronquiolos—, al espirar el aire puede oírse

un ruido como el sonido débil de una gaita, que se denomina *sibilancia*.

- En el sistema circulatorio los vasos sanguíneos se dilatan y se extravasan cada vez más. El volumen de sangre en las arterias, venas y corazón disminuye, con el resultado de que el pulso se ausculta acelerado pero débil (la víctima nota palpitaciones). Esta disminución del suministro de sangre conduce a una sensación de desmayo, pérdida del conocimiento y en último término a un shock y a la muerte.

El reconocimiento de las características de la anafilaxia completamente desarrollada puede representar la diferencia entre la vida y la muerte.

La historia de David

En el capítulo 3 nos hemos referido a la muerte trágica de Sara, que falleció de una anafilaxia causada por el consumo de cacahuetes picados espolvoreados sobre la tarta que tomó para merendar. Ahora el padre de Sara, David, nos explica las circunstancias que rodearon la muerte de su hija:

«El día en que Sara murió, había salido sola de compras porque quería adquirir un regalo para el cumpleaños de su madre. Llegó a su casa muy contenta y empezó a envolver el regalo en su dormitorio. Unos minutos más tarde, llamó a mi esposa diciendo que no se encontraba bien. Presentaba dificultades respiratorias y sibilancias, y cuando comprobó que las dificultades respiratorias iban en aumento, mi esposa, la madrastra de Sara, decidió llamar al médico. Sara había sufrido algunos ataques de asma durante años, habitualmente cuando el resfriado le afectaba al pecho, pero esta vez insistía en que experimentaba una sensación extraña y diferente. El médico recomendó que no corriéramos ningún riesgo y que la trasladáramos al hospital, pero era demasiado tarde. Sara sufrió un colapso y falleció al cabo de pocos minutos.

»Ironías del destino, durante años me había preocupado por Sara, ya que le gustaba pasear en bicicleta por las calles abarrotadas de tráfico, por su asma, porque regresaba tarde a casa y salía demasiado a menudo con sus amigos, por si bebía, tomaba drogas y todas las cosas por las que se preocupa un padre. ¿Cómo podría haber previsto que finalmente perdería a mi hija por algo tan absurdo como un puñado de cacahuetes picados?

»Pero en los días que siguieron a la muerte de mi hija, la causa de la misma seguía siendo un misterio. Los paramédicos que estuvieron en la escena de la tragedia hablaron de asma, los médicos del hospital coincidieron en el diagnóstico, pero mi esposa lo puso en duda. Mi esposa estaba con Sara en aquel momento y conocía muy bien sus ataques de asma, que ella misma había sufrido durante años. Averiguar la verdad se convirtió en una obsesión, porque sin conocer la causa de su fallecimiento no teníamos ninguna posibilidad de llegar a aceptar la muerte de Sara.» David descubrió que Sara había consumido inadvertidamente cacahuetes picados espolvoreados sobre la tarta de limón merengada que tomó, y más tarde se estableció que la causa de su muerte había sido un shock anafiláctico.

> En su búsqueda de la causa de la muerte de su hija, David fundó la Anaphylaxis Campaign (Campaña frente a la Anafilaxia), para luchar en favor de las personas con alergias alimentarias que potencialmente pueden ser mortales. En la actualidad esta campaña cuenta con más de cuatro mil miembros, que actúan como un grupo de presión eficaz, y ha sido de mucha utilidad para aumentar la concienciación pública sobre la Anafilaxia. Uno de los éxitos que puede atribuirse a la Campaña frente a la Anafilaxia es la mejoría de la información sobre los ingredientes suministrada en las etiquetas de los envases de los productos alimenticios.

El progreso de la anafilaxia

Las características iniciales pueden preceder solamente en uno o dos minutos a una reacción anafiláctica grave con casi ningún signo de advertencia o premonitorio. Sin embargo, para que se desarrolle una reacción grave puede transcurrir hasta una hora.

La anafilaxia tal vez no progrese más allá de las características iniciales ya descritas; sin embargo, es de capital importancia reconocer que se ha producido una reacción leve, ya que una nueva exposición al alergeno que la causó puede provocar una reacción anafiláctica completamente desarrollada la próxima vez.

Llegados a este punto, usted se encuentra en posición de controlar la enfermedad y formarse una opinión de lo que le está ocurriendo. Si usted, o alguien de su família, tiene una *tendencia atópica* (es decir, padece asma, eccema o fiebre del heno) y ha experimentado una reacción leve a un alergeno conocido por ser causa de anafilaxia, es imprescindible que tome medidas.

La historia de Alison

Al principio de su embarazo, Glynis se aficionó a los frutos secos salados, que consumió en diversas ocasiones. Después de dar a luz decidió dar el pecho a su hija Alison por espacio de nueve meses, y durante este período en ocasiones comía cacahuetes. La niña experimentaba problemas de sequedad cutánea, costra láctea (es decir, seborrea del cuero cabelludo) y después un eccema que parecía empeorar por momentos. El médico animó a Glynis para que mantuviera la lactancia natural, ya que podría contribuir a combatir el eccema de Alison. Al igual que muchas otras madres en período de lactancia, Glynis trató sus grietas de los pezones con una crema para el pecho que contenía aceite de cacahuete. El aceite de cacahuete y el de coco también eran ingredientes de las cremas para la piel que el médico prescribió para su hija. A los nueve meses el eccema de Alison había empeorado hasta tal punto que la niña fue ingresada en el hospital y, durante este tiempo, fue destetada y alimentada con biberón.

A los tres años de edad, Alison comió por primera vez cacahuetes y sufrió su primer shock anafiláctico. Actualmente, con nueve años, goza de buena salud y lleva una vida completamente normal, aunque su madre siempre tiene a mano adrenalina y antihistamínicos.

Nadie sabe exactamente cómo y cuándo Alison se sensibilizó a los cacahuetes. Si consideramos el caso de manera retrospectiva, es muy posible que lo hiciese durante la vida fetal cuando Glynis consumía cacahuetes, pero a finales de la década de los setenta apenas se conocían los peligros de los cacahuetes, e incluso los profesionales de la salud desconocían la posibilidad de que pudieran actuar como potentes alergenos.

Otras enfermedades que pueden confundirse con una anafilaxia incipiente

Las características iniciales de la anafilaxia son similares a las causadas por otros procesos:

- Los hormigueos de los labios pueden estar causados por la hiperventilación (es decir, una respiración exageradamente profunda y prolongada) que a menudo acompaña a los ataques de pánico.
- Las ronchas de la piel pueden aparecer tras el contacto con muchas sustancias nocivas, como la lejía.
- Los estornudos y el prurito ocular pueden estar causados por la fiebre del heno.
- Las náuseas y los vómitos son síntomas que acompañan a muchas enfermedades, incluyendo las intoxicaciones alimentarias y el embarazo.

Otras enfermedades que pueden confundirse con una anafilaxia completamente desarrollada

Incluso una reacción anafiláctica intensa puede confundirse con otros procesos médicos, en especial con el asma y un ataque al corazón.

PROBLEMAS RESPIRATORIOS Y ANAFILAXIA

El asma y la anafilaxia pueden confundirse fácilmente. En un ataque de asma, la mucosa de las vías aéreas inferiores se inflama, lo que provoca que la víctima presente sibilancias al respirar. Cuando la mucosa de las vías aéreas se hincha y la respiración se vuelve dificultosa, se desarrolla una característica denominada recesión. Es la retracción de la carne entre las costillas y el esternón. Cuando una persona asmática lucha por inhalar aire hasta sus pulmones, esta retracción se vuelve mucho más marcada.

Puesto que la anafilaxia también incluye la inflamación de la mucosa de las vías aéreas bajas, un ataque de anafilaxia completamente desarrollado puede parecer casi idéntico a un ataque agudo de asma. En realidad, se considera que hasta un 15 % de todas las muertes súbitas atribuidas al asma están causadas por la anafilaxia.

Especialmente en los niños, la inhalación de un cuerpo extraño, como una cuenta o el hueso de una fruta, provoca estridor y en ocasiones sibilancias. Este cuadro puede parecerse considerablemente a una reacción anafiláctica.

ATAQUES AL CORAZÓN Y ANAFILAXIA

Habitualmente los ataques al corazón (o infartos de miocardio) están precedidos de un intenso dolor torácico. Sin embargo, en ocasiones pueden producirse con apenas dolor torácico premonitorio. Cuando la víctima de un ataque al corazón también entra súbitamente en estado de shock, este tipo de ataque puede confundirse muy fácilmente con una reacción anafiláctica. Además, tanto los ataques al corazón como las reacciones anafilácticas pueden acompañarse de dolor de estómago, lo que también añadirá mayor confusión al cuadro que presenta la víctima.

La anafilaxia puede ser uno de los procesos más fáciles o más difíciles de identificar con exactitud. *La clave es disponer de unos buenos conocimientos del cuadro de síntomas de la anafilaxia e identificar especialmente a las personas que tienen mayores probabilidades de experimentar una reacción anafiláctica.*

La anafilaxia puede identificarse a partir de alguna de las características siguientes, o de todas ellas:

- Sensación de hormigueo (parestesias) o sensación urente de la lengua y los labios.
- Sensación de tirantez y opresión en la garganta y la laringe.
- Ampollas, enrojecimiento y erupciones (técnicamente se denominan urticaria) en la piel.
- Sensación de prurito intolerable.
- Estornudos y lagrimeo ocular.
- Náuseas y vómitos.
- Inflamación o hinchazón de la lengua y/o de los labios.

- Dificultades respiratorias y sibilancias.
- Pulso rápido pero débil (palpitaciones).
- Desmayo y pérdida del conocimiento.

Todos estos síntomas pueden ser de intensidad muy variable, pero es preciso *tomarse en serio* cualquiera de ellos. Si sospecha que una persona —o usted mismo— está experimentando una reacción anafiláctica y tiene a mano adrenalina, debe administrar inmediatamente el fármaco mediante una inyección intramuscular o subcutánea (véase cap. 5) y solicitar ayuda médica de inmediato.

Capítulo 5

Cómo tratar un ataque o reacción anafiláctica

Tal como se ha mencionado previamente, el principal peligro de la anafilaxia es que la reacción inflamatoria puede causar problemas circulatorios hasta llegar a un colapso cardiocirculatorio o respiratorio de gravedad, es decir, un paro respiratorio. Esto significa que al cabo de pocos minutos la víctima puede entrar en estado de shock o dejar de respirar. Por consiguiente, es decisivo detener y después invertir los efectos de la inflamación tan rápidamente como sea posible. El principal tratamiento para un ataque anafiláctico es una inyección de adrenalina.

¿Qué es la adrenalina?

La adrenalina es una hormona que nuestro organismo produce de forma natural en las glándulas suprarrenales, que se localizan justo por encima de los riñones. En realidad todos conocemos bien los efectos de la adrenalina. Si en un momento dado siente miedo, posiblemente se pondrá pálido o, como suele decirse, «blanco como el papel»; su corazón empezará a latir rápidamente y a menudo sentirá un temblor incontenible. Todos estos efectos están provocados por la adrenalina, la cual es bombeada hasta el torrente circulatorio por las glándulas suprarrenales como respuesta al miedo. La razón de que palidezca es que la adrenalina provoca una constricción de los vasos sanguíneos (vasoconstricción) de la piel, lo que impide que la sangre proporcione a ésta el tono sonrosado habitual. La sangre se desvía hasta los músculos para que usted pueda luchar o huir, y la frecuencia cardíaca más rápida garantiza que sus músculos disponen de un suministro adecuado de sangre. Además, la adrenalina es antagonista de los efectos de los mediadores inflamatorios sobre el músculo, los vasos sanguíneos y otros tejidos.

Durante otras situaciones en las que estamos sometidos a un gran estrés, como es el caso de una reacción anafiláctica, las glándulas suprarrenales bombean grandes cantidades de adrenalina en el torrente circulatorio. Entonces se desarrolla un crítico equilibrio entre la vida y la muerte. La adrenalina contrarresta la respuesta inflamatoria produciendo la constricción de los vasos sanguíneos e impidiendo que se extravasen.

Sin embargo, si los efectos inflamatorios de la reacción anafiláctica superan abrumadoramente a los de la adrenalina para contrarrestar la respuesta inflamatoria, los vasos sanguíneos se dilatan y se extravasan cada vez más, lo que en último término conduce a un colapso circulatorio o a un paro respiratorio. Para tratar con eficacia una reacción anafiláctica completamente desarrollada, debe asegurarse de que los efectos de la adrenalina superan a los de la anafilaxia, y para hacerlo es necesario introducir una mayor cantidad de adrenalina en el torrente circulatorio.

¿Cuál es la mejor forma de administrarla?

La adrenalina puede administrarse de dos formas, mediante una inyección o, en algunos países, por medio de una inhalación. La adrenalina no puede tomarse por vía oral (en comprimidos o suspensión), porque es una proteína y, por esta razón, sería degradada en el intestino, con lo que no resultaría eficaz. *La mejor forma de tomar la adrenalina es mediante una inyección.*

La adrenalina entra en el torrente circulatorio con rapidez y siempre que haya situado la aguja en una posición razonablemente apropiada, la víctima recibirá una dosis completa. También puede entrar rápidamente por inhalación, pero muchas personas tienen dificultades para utilizar correctamente los preparados por inhalación, y de esta forma sólo reciben una parte de la dosis deseada.

Existen una serie de sistemas diferentes de inyección disponibles comercialmente. Lo más importante es disponer de jeringas, agujas y pequeños frascos, también llamados *viales*, de adrenalina. Introduce usted la aguja en la jeringa, abre el vial de adrenalina, comprueba la dosis correcta y, con la ayuda del émbolo, extrae la adrenalina del vial y la introduce lentamente en la jeringa para inyectársela. Con una aguja estándar no resulta fácil valorar la profundidad correcta para la inyección. Además, si se encuentra en pleno ataque de anafilaxia, es difícil llevar a cabo este procedimiento complicado sin ayuda, por lo que lo más recomendable es que, si es usted víctima de un shock anafiláctico, otra persona acostumbrada a administrar inyecciones intramusculares le inyecte la adrenalina.

En algunos países los sistemas de inyección incluyen la adrenalina en la dosis adecuada en jeringas precargadas con agujas preajustadas a la longitud correcta. Esto significa que en una situación urgente la adrenalina puede administrarse rápidamente, con precisión y a la dosis correcta.

La adrenalina en los niños muy pequeños y en los lactantes

La dosis segura de adrenalina para los bebés y los niños de menos de dos años es inferior a la que contienen las jeringas precargadas para administración en pacientes pediátricos. Por consiguiente, no deben utilizarse en tales casos. Sin embargo, las reacciones anafilácticas en niños de menos de dos años son extremadamente raras. Si un niño de esta edad necesita adrenalina, es preferible consultar a un especialista.

Adrenalina y corticoides inhalados

En algunos países está disponible la adrenalina inhalada, que se administra habitualmente por medio de un dispositivo denominado inhalador dosificador (ID). El inhalador consta de un envase metálico cerrado herméticamente que está provisto de una boquilla o adaptador bucal de plástico. La adrenalina viene mezclada con un gas propulsor en el interior del envase metálico.

Para su administración, la víctima debe sostener el frasco en posición invertida entre los dedos pulgar e índice, introducir la boquilla en la boca y apretar los labios alrededor de la misma. Después de espirar profundamente, debe inspirar a fondo por la boca, presionando al mismo tiempo el frasco entre los dedos, lo que produce una descarga de la válvula dosificadora que libera una cantidad exacta de adrenalina mezclada con el gas propulsor. Al inhalar al mismo tiempo que presiona el frasco, la adrenalina se distribuye hasta la superficie de los pulmones, de donde es absorbida rápidamente en el torrente circulatorio. Después retira el aparato de la boca y retiene el aire inspirado unos segundos. Si se utiliza correctamente, la adrenalina distribuida por un dispositivo de este tipo es un tratamiento eficaz para la anafilaxia, en especial para tratar la inflamación de las vías aéreas.

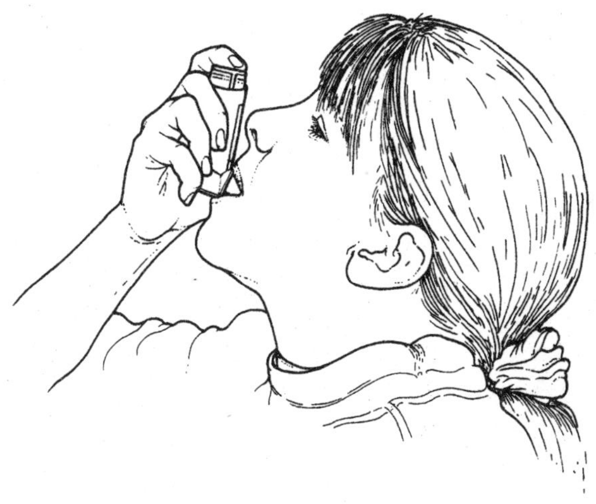

FIGURA 5.1. *Utilización de un inhalador dosificador (ID).*

Para recibir una dosis adulta de adrenalina, necesita unas quince inhalaciones. Para un niño o un bebé, es preciso consultar al médico, que le indicará el número adecuado de inhalaciones.

No obstante, la mayoría de la gente, incluso cuando se

le enseña a hacerlo, no sabe utilizar correctamente estos dispositivos, lo cual significa que no se puede estar seguro de que *toda* la dosis de adrenalina alcanzará el torrente circulatorio. En una situación de riesgo para la vida, es decisivo que la adrenalina se distribuya de manera fiable. Pero incluso si una persona utiliza el inhalador correctamente, si su estado general es malo, o en especial si se encuentra en estado de colapso, no es adecuada la administración de adrenalina mediante un inhalador-dosificador.

EFECTOS SECUNDARIOS DE LA ADRENALINA

La adrenalina es un fármaco muy potente y, a pesar de que es sorprendentemente seguro, produce algunos efectos secundarios. Los más evidentes están causados por la constricción de los vasos sanguíneos (vasoconstricción), lo que provoca como consecuencia sensación de frío en los dedos de manos y pies y boca seca. La adrenalina también es un estimulante que provoca temblores y un aumento de la frecuencia cardíaca. El peligro es que puede estimular excesivamente el corazón y en realidad provocar una interrupción de los latidos cardíacos. Las personas con problemas cardíacos son especialmente vulnerables.

No obstante, el peligro de una reacción anafiláctica es mucho mayor que el riesgo de los efectos secundarios de la adrenalina. Esto significa que si una persona padece un ataque de anafilaxia, incluso si sufre una enfermedad cardíaca, los beneficios de la adrenalina superan a los riesgos. Si el corazón de la víctima dejara de latir, sería necesario reanimarla, lo que se describe con detalle en la página 88. Si es usted una persona con problemas cardíacos o cualquier otro problema médico y necesita adrenalina, es preciso que hable con su médico de cualquier aspecto de su situación que pueda necesitar unas consideraciones especiales.

Corticoides

El organismo produce de manera natural sus propios esteroides, que técnicamente se denominan corticoides y son producidos, al igual que la adrenalina, por las glándulas suprarrenales. Los corticoides son los agentes antiinflamatorios naturales del organismo. Impiden que se desarrolle la inflamación, inhibiendo los efectos de los leucocitos e impidiendo la producción de los mediadores inflamatorios.

Puede tomar corticoides en forma de comprimidos o de inyección. El problema es que para que surtan efecto necesitan como mínimo veinticuatro horas. Esto no resulta muy útil para una persona que desarrolla rápidamente una reacción anafiláctica completa. No obstante, los médicos suelen utilizar corticoides si ingresan a la víctima de la anafilaxia en el hospital y observan que el ataque anafiláctico tarda mayor tiempo de lo habitual en remitir.

EFECTOS SECUNDARIOS DE LOS CORTICOIDES

Los corticoides tienen muy mala fama, y muchas personas se preocupan por sus efectos secundarios. En parte esto se debe a la publicidad sobre los atletas que abusan de los esteroides anabolizantes. No obstante, éstos tienen una composición muy diferente de los corticoides que produce de manera natural el cuerpo. La utilización a largo plazo de corticoides puede producir efectos secundarios desagradables, que incluyen el adelgazamiento de la piel y el aumento de peso por retención de líquidos (cara de luna llena). *No obstante, la utilización de corticoides de manera correcta durante el período breve necesario para tratar un shock anafiláctico es completamente segura.*

Antihistamínicos

La histamina es uno de los mediadores inflamatorios liberados durante una reacción inflamatoria. Los fármacos antihistamínicos inhiben los efectos de la histamina, contribuyendo a aliviar la inflamación y los efectos generalizados de esta sustancia. Los antihistamínicos suelen administrarse en forma de comprimidos y son muy eficaces en la fiebre del heno, la rinitis y otros procesos alérgicos leves, pero menos en el tratamiento de una reacción anafiláctica completamente desarrollada.

No obstante, los antihistamínicos pueden contribuir a disminuir la gravedad de un shock anafiláctico. Por ejemplo, si cree que ha comido un alimento al que es usted alérgico, la administración inmediata de un comprimido de antihistamínico puede significar que sufrirá una reacción anafiláctica mucho menos grave. Por consiguiente, si es propenso a las alergias, es una buena idea que tenga siempre a mano o lleve consigo antihistamínicos en comprimidos o, si se trata de niños, en jarabe o suspensión, ya que en caso de presentarse una emergencia pueden ser eficaces.

EFECTOS SECUNDARIOS DE LOS ANTIHISTAMÍNICOS

Los antihistamínicos en general son fármacos muy seguros. Los más antiguos, como la difenhidramina, clorfeniramina y carbinoxamina, pueden causar somnolencia, pero los introducidos en el mercado más recientemente, como la terfenadina, astemizol, loratadina y ebastina, habitualmente no la producen, ya que apenas penetran en el sistema nervioso central.

Al igual que ocurre con otras medicaciones, los antihistamínicos pueden ser incompatibles con otros fármacos tomados al mismo tiempo, de modo que cuando desee utilizar un antihistamínico concreto, es preciso que se lea con atención la información que suministra el fabricante junto con el envase.

Además de somnolencia, los antihistamínicos pueden provocar sensación de cansancio y debilidad, náuseas, pérdida del apetito y estreñimiento o diarrea.

Tratamiento de la reacción anafiláctica

Si ha experimentado previamente las características incipientes de una reacción anafiláctica o un shock anafiláctico completamente desarrollado, y sospecha que está desarrollando de nuevo un episodio, es esencial que actúe *de inmediato*. Esto significa que, si está con otras personas, es preciso que una de ellas le administre una inyección de adrenalina tan pronto como perciba cualquiera de las características de la anafilaxia. Como ya se ha mencionado previamente, estas características incluyen sensación de hormigueo en los labios, de tirantez y opresión en la garganta o incluso de aprensión e inquietud pensando que está a punto de sufrir un shock anafiláctico. Cuanto antes se administra la adrenalina, más fácil es mantener un equilibrio favorable entre los efectos de la inflamación, que son un riesgo para la vida, y los de la adrenalina, que *salvarán* la vida de la víctima. *Para que pueda actuar inmediatamente y controlar la reacción anafiláctica, es esencial que siempre tenga a mano adrenalina.*

Después de la inyección de adrenalina, habitualmente la víctima de un shock anafiláctico experimentará una mejoría considerable de su estado al cabo de aproximadamente treinta segundos. No obstante, los efectos de la adrenalina pueden desaparecer después de unos 10-15 minutos. En caso de que esto ocurra, si los síntomas de anafilaxia reaparecen, será necesario administrar otra inyección de adrenalina. En realidad, es posible que requiera varias, con intervalos de diez minutos entre sí. Por consiguiente, si es usted una persona con problemas de alergia, siempre debe ir preparado para una posible reacción *llevando consigo como mínimo dos ampollas de adrenalina.*

Solicitar ayuda médica

Si aparece un shock anafiláctico completamente desarrollado y necesita varias inyecciones de adrenalina, puede que sus reservas se agoten. Incluso si sólo experimenta los primeros síntomas, *es preciso que solicite urgentemente la ayuda médica de un profesional.*

La mejor forma de obtener ayuda médica dependerá de dónde se encuentre en el momento de la reacción y de la calidad de los servicios disponibles. Si vive a relativamente poca distancia de un hospital con servicio de urgencias, un familiar, amigo o vecino debe trasladarle tan pronto como sea posible después de haberle administrado la primera dosis de adrenalina.

Si vive a cierta distancia de un servicio de urgencias, es preferible que llame por teléfono solicitando una ambulancia y también contacte con su médico. La mayor parte de las ambulancias llevan adrenalina y el equipamiento necesario para tratar los problemas respiratorios. Muchos médicos llevan adrenalina en su maletín, aunque frecuentemente no una cantidad superior a uno o dos viales.

Cuando telefonee solicitando ayuda o cuando llegue al serviucio de urgencias, es muy importante que la persona que acompaña a la víctima insista en lo apremiante de la situación. Debe transmitir el siguiente mensaje: *«Esta persona está sufriendo un shock anafiláctico que constituye un riesgo para la vida».*

Si el shock anafiláctico está produciéndose cuando usted llega al hospital, lo más probable es que los médicos le administren un goteo. Le insertarán una aguja hipodérmica en una vena, habitualmente en el brazo. Una bolsa que contiene los fármacos disueltos en suero va unida a un tubo que conduce hasta el otro extremo de la aguja hipodérmica. De esta forma recibirá fármacos *por vía intravenosa*, es decir, directamente en la vena. Si experimenta dificultades respiratorias, puede que los médicos le administren oxígeno a través de una mascarilla facial. Si no responde bien a este tratamiento, el médico decidirá su ingreso en la unidad de cuidados intensivos, que dispone del equipamiento necesario para un apoyo de las vías aéreas y el sistema circulatorio.

Una vez ha remitido la reacción de anafilaxia, es importante que siga ingresado en el hospital, donde los médicos le tendrán en observación como mínimo otras cuatro horas. La razón es que puede producirse una segunda reacción anafiláctica poco después de la primera. Un segundo shock es más probable que se produzca al cabo de cuatro horas, a pesar de que también puede aparecer mucho más tarde. Los síntomas de la anafilaxia pueden persistir hasta veinte días de modo que cuando le den el alta en el hospital, será necesario que disponga de un suministro de adrenalina y preferiblemente que no permanezca solo y que alguien cuide de usted durante cierto tiempo.

Preguntas que frecuentemente plantean las víctimas de un shock anafiláctico

¿Y si el médico no me receta adrenalina?

Lamentablemente, algunos médicos no disponen de unos conocimientos suficientes sobre la anafilaxia. Por otra parte, si su reacción no reviste gravedad, su médico puede decidir que es más aconsejable un tratamiento con un antihistamínico que con adrenalina, o que en su caso es más adecuado administrarla por vía subcutánea y no intramuscular.

Es importante que trate de explicar a su médico el problema de la anafilaxia desde su punto de vista, sobre todo si ya ha experimentado otras reacciones. ¡Sería una buena idea que se llevara este libro! Puede que logre persuadir a su médico para que reconsidere su tratamiento.

Si esta estrategia no surge efecto, la mejor opción es cambiar de médico. Probablemente en su vida diaria se encontrará con otras personas que sufren anafilaxia; conviene que les pregunte quién es su médico y qué tratamiento les ha recomendado. Puede pedir hora con él para asegurarse de que conoce a fondo su enfermedad y le prescribirá el tratamiento más apropiado.

¿Y SI NO ESTOY SEGURO DE ESTAR SUFRIENDO UN SHOCK ANAFILÁCTICO?

La anafilaxia puede confundirse fácilmente con otros procesos, en especial con una hiperventilación, y una reacción completamente desarrollada puede parecerse a un episodio grave de asma o incluso un ataque al corazón (véase p. 69). Por esta razón, es esencial que disponga de unos buenos conocimientos de la anafilaxia, de modo que pueda formarse una opinión informada. Si una persona parece sufrir una reacción anafiláctica y usted sabe que antes ha sufrido otras o que tiene una predisposición atópica, *debe suponer que está sufriendo un shock anafiláctico*. En el nerviosismo del momento, y si la víctima se encuentra en tan mal estado que apenas puede hablar, es posible que no pueda confirmarlo. En tal caso, debe tratarla como si realmente lo sufriera. Para decirlo en otras palabras, *en caso de duda, tratar*. Por otra parte, si recuerda lo que ha ocurrido inmediatamente antes de que esta persona empezara a sufrir los síntomas tal vez eso pueda darle una pista o arrojar luz sobre la posible anafilaxia. Por ejemplo, si pocos minutos ante esa persona sufrió la picadura de una avispa, es mucho más probable que esté experimentando un shock anafiláctico.

Si toma estas medidas, puede que administre adrenalina a una persona que en realidad no está sufriendo un shock anafiláctico. A pesar de que la administración de adrenalina se relaciona con algunos riesgos de efectos secundarios, el del shock anafiláctico es mucho mayor, y si la víctima no recibe un tratamiento con adrenalina, puede morir.

SI SOY ASMÁTICO Y TENGO PROBLEMAS RESPIRATORIOS, ¿DEBO UTILIZAR EL INHALADOR ANTIASMÁTICO?

Si es usted asmático y está sufriendo un ataque de anafilaxia, tendrá problemas de falta de aliento (o disnea) igual que cuando sufre un episodio de asma. En caso de que esto ocurra, puede utilizar su inhalador antiasmático, por ejemplo ventolín, *además de la adrenalina*. Pero recuerde que el inhalador antiasmático *nunca* sustituye a la adrenalina.

¿Y SI SUFRO UNA REACCIÓN ANAFILÁCTICA Y NO TENGO A MANO ADRENALINA?

Es preciso que solicite ayuda médica profesional lo más rápidamente posible para que un médico le administre adrenalina. Llame a una ambulancia o a su médico, o acuda directamente al servicio de urgencias, cualquier opción que le proporcione el más rápido acceso a la adrenalina y a una ayuda médica profesional.

¿Y SI LA ADRENALINA QUE LLEVO CONMIGO ESTÁ CADUCADA?

Si es la única adrenalina de que dispone y se encuentra en pleno shock anafiláctico, es mejor ésa que ninguna. Sin embargo, si la fecha de caducidad supera los *tres* meses, casi sin ninguna duda no será eficaz. Por otra parte, es útil que compruebe el color de la adrenalina. Debe ser transparente, al igual que el agua. Si tiene un color amarillento o pardo, u observa partículas que flotan en el líquido, no debe utilizarla.

Preguntas frecuentemente planteadas por las personas que asisten a la víctima de un shock anafiláctico

DESPUÉS DE HABER ADMINISTRADO ADRENALINA A LA VÍCTIMA, Y MIENTRAS ESPERO A QUE LLEGUE LA AYUDA MÉDICA SOLICITADA, ¿CUÁL ES LA CONDUCTA A SEGUIR?

Es necesario que no pierda la calma, que tranquilice a la víctima y que la coloque en una posición cómoda. Si tiene frío, cúbrala con una manta. Si tiene sed, déle de beber algunos sorbos de agua.

¿Y SI LA VÍCTIMA DEL SHOCK ANAFILÁCTICO HA DEJADO DE RESPIRAR?

Si la persona que sufre un ataque de anafilaxia deja de respirar y no tiene pulso, es necesario que la reanime (véase a continuación). También debe administrarle adrenalina si no lo ha hecho por espacio de los últimos diez minutos.

Reanimación

Si una persona ha sufrido un colapso y no parece respirar, y además tiene usted la impresión de que no presenta pulso, es necesario que le aplique unas técnicas básicas de reanimación.

En el interior de la caja torácica, que representan las costillas y el esternón, el corazón y los pulmones tienen como misión principal obtener el oxígeno del aire atmosférico (ventilación) y hacerlo llegar hasta los diferentes órganos (circulación), sobre todo hasta el cerebro.

Cada minuto, mediante 10-20 ventilaciones y 60-100 latidos cardíacos, nuestro cuerpo consigue mantener oxigenados todos los órganos y eliminar las sustancias tóxicas, como el anhídrido carbónico.

Para reanimar a la víctima de un colapso, siga los siguientes pasos:

1. Haga rodar a la víctima de modo que quede tendida boca arriba, asegurándose de que la superficie donde está acostada es dura.
2. Con los dedos índice y medio de una mano, levántele la barbilla y lleve la frente ligeramente hacia atrás con el talón de la otra mano (esto técnicamente se denomina maniobra frente-mentón). Con ello conseguirá retirar la lengua, que puede obstruir la vía aérea.
3. Compruebe si la víctima respira acercando su oído a la nariz o la boca y examinando el pecho y el abdomen. Si lo hace, percibirá su respiración en la cara y observará el movimiento de la caja torácica sobre el abdomen.
4. Si la víctima no respira, gírele su cabeza hacia un lado e introduzca un dedo en su boca para asegurarse de que ningún objeto la obstruye, como restos de alimentos, vómito o un diente o dentadura postizos. Elimine cualquier obstrucción evidente. Si los objetos no son fácilmente accesibles, no intente extraer-

los introduciendo los dedos en su garganta, porque podría hundirlos más profundamente, con lo que obstruiría aún más la vía aérea.

5. Vuelva a comprobar si la víctima respira. Si sigue sin hacerlo, es preciso que inicie una respiración boca a boca (ventilación artificial), hinchando los pulmones de la persona colapsada mediante su propia respiración. Con una mano mantenga la frente de la víctima echada hacia atrás, utilizando el pulgar y el índice de esa mano para taparle la nariz. Con la otra mano mantenga la barbilla colgando hacia delante. Inspire aire y después aplique sus labios sobre los de la persona colapsada y sople (insufle) el aire de forma lenta, diez veces por minuto. A medida que respira en la boca de la víctima, comprobará que su pecho se eleva. Retire los labios y el retroceso elástico de sus pulmones hará que la víctima respire automáticamente. Insufle aire en sus pulmones durante un segundo tiempo y compruebe nuevamente si ha empezado a respirar.

6. Ahora compruebe si tiene pulso. Para hacerlo, con la punta de los dedos trate de percibir el pulso de la arteria *carótida* palpando con los dedos a ambos lados del cuello, cerca de la laringe (en la nuez de Adán). El latido de estas arterias sólo deja de palparse cuando el riego sanguíneo está ausente. En estas circunstancias, tomar el pulso en la muñeca no es fiable.

7. Si la víctima no tiene pulso, debe iniciar las compresiones del pecho, es decir, el masaje cardíaco externo. Primero ha de encontrar el punto donde el borde de las costillas se une con la mitad inferior del esternón. Una vez en este punto, coloque primero dos dedos de una mano y a continuación el talón de

la otra mano. Después entrelace los dedos o cruce las manos tratando de no desplazar su posición del lugar elegido, sobre la mitad inferior del esternón, en la línea media. Para iniciar el masaje cardíaco ha de estar colocado en una posición correcta de masaje, es decir, con los brazos extendidos perpendicularmente sobre el esternón de la víctima. Con el peso de todo su cuerpo directamente sobre las manos, presione verticalmente para mover el esternón 4-5 cm. Pero recuerde que la posición correcta del masaje cardíaco es aquella en la que los brazos se extienden de forma perpendicular sobre el esternón de la víctima. Durante el masaje cardíaco el corazón y los pulmones de ésta actuarán como «esponjas», expulsando la sangre durante las compresiones y llenándose de nuevo de sangre cuando usted deja de comprimir. El movimiento debe ser suave y firme, no espasmódico. Cuando libere la presión del esternón, sin retirar las manos, la pared torácica se elevará nuevamente. Esta sucesión de compresiones y relajaciones realizada a un ritmo de al menos 80 veces por minuto le permitirá mantener un mínimo aporte de sangre a los diferentes órganos de la víctima (¡y en especial al cerebro!).

8. Si la víctima tiene pulso pero no respira, sólo debe llevar a cabo la respiración boca a boca. Si no tiene pulso, siempre ha de realizar la respiración boca a boca y las compresiones torácicas a la vez. Si está solo, debe proceder en un ciclo de dos respiraciones boca a boca seguidas de 15 compresiones del pecho. En condiciones ideales la reanimación debe ser llevada a cabo por dos personas al mismo tiempo, siendo una responsable de las compresiones del pecho y

la otra de la respiración boca a boca. Por cada cinco compresiones del pecho debe aplicarse una respiración boca a boca, aplicada justo después de la quinta compresión, cuando el pecho se expande. En condiciones ideales debe realizarlo al ritmo de 80 compresiones del pecho por minuto.

Si una persona ha sufrido un shock anafiláctico, es poco probable que pueda usted restaurar el pulso y la respiración. Se trata sobre todo de una operación para mantenerla con vida mientras llega la ayuda profesional. Si consigue restaurar la respiración de la víctima, hágala rodar con cuidado de modo que quede colocada de lado, ligeramente hacia delante con las piernas algo flexionadas. La cabeza debe estar echada hacia atrás para mantener abierta la vía aérea. Esta posición se denomina posición de recuperación. Observe con atención a la víctima mientras espera que llegue la ayuda profesional.

REANIMACIÓN DE BEBÉS Y NIÑOS PEQUEÑOS

En el caso de los bebés y niños pequeños, también es necesario que se asegure de que la víctima se encuentra acostada sobre una superficie firme, boca arriba, que extienda la barbilla hacia delante y compruebe si respira. Si no respira, elimine con cuidado cualquier obstrucción de la boca con un dedo. Tenga mucho cuidado de no tocar la garganta de un bebé o de un niño pequeño, ya que las infecciones pueden provocar una inflamación de la pared posterior de la garganta, lo que puede exacerbarse al tocar la pared posterior de la faringe y de este modo causar una obstrucción completa de la vía aérea.

En el caso de un bebé, aplique los labios sobre la boca y la nariz de la víctima e insufle aire en los pulmones en cantidad suficiente para provocar la elevación del pecho. Permita que éste vuelva a descender y repita la operación cinco veces.

A continuación, compruebe el pulso. En el caso de un bebé, el pulso que mejor se palpa es el pulso *braquial*, en el interior del brazo, a medio camino entre el hombro y el codo. Ejerza una presión suave sobre el hueso utilizando el dedo índice y el medio. Si comprueba que la víctima no tiene pulso, necesitará iniciar, como en los demás casos, las compresiones del pecho.

En un bebé el lugar correcto para aplicar las compresiones es la parte superior del esternón. Lo encontrará dibujando una línea imaginaria entre los pezones de la víctima. Aplique las yemas de dos dedos justo debajo del punto medio de esta línea y presione a una profundidad de 2 cm. Administre cinco compresiones por cada ventilación, llegando hasta un total de 100 compresiones y 20 respiraciones por minuto.

Para los niños de corta edad (de uno a tres años), encontrará la posición correcta para aplicar las compresiones sobre el pecho como en el caso de un adulto. Presione sólo con una mano moviendo el pecho 3 cm. Al igual que en el caso de los bebés, aplique cinco compresiones por cada respiración, llegando a 100 compresiones y 20 respiraciones por minuto. Para los niños de más de tres años, la técnica es idéntica a la de los adultos.

Todo el mundo puede beneficiarse de un curso de primeros auxilios o de socorrismo, en el que se enseña cómo aplicar la respiración artificial y el masaje cardíaco externo.

Es mucho más aconsejable tener la experiencia de uno de estos cursos antes que aplicar por primera vez las técnicas de reanimación en caso de emergencia en la vida real. Infórmese de si en su localidad alguna organización pública o privada imparte cursos de primeros auxilios.

Capítulo 6

Vivir con la anafilaxia

Para mucha gente resulta difícil afrontar que es propensa a la anafilaxia, o que una persona muy próxima lo es, y en consecuencia puede experimentar una reacción anafiláctica. Por definición, la anafilaxia es una enfermedad que produce miedo. La rapidez con que se inicia un shock anafiláctico es alarmante, al igual que los síntomas físicos que afectan a la víctima. No obstante, existen formas de afrontar esta enfermedad y de saber vivir con ella.

Muy pocas personas gozan de una salud perfecta, y para muy pocas el cuerpo es una máquina que funciona a la perfección. Las hay miopes, asmáticas, diabéticas, otras sufren fiebre del heno, epilepsia o lumbago. Todos estos procesos son enfermedades que las personas tienen que aprender a afrontar. Los miopes controlan su enfermedad llevando gafas o lentes de contacto, los asmáticos utilizan inhaladores broncodilatadores, las personas diabéticas se tratan con insulina o toman hipoglucemiantes orales, etc. Tratamos de que estas enfermedades no dominen nuestras vidas y aprendemos a vivir con ellas. Al igual que en todos estos casos, la anafilaxia no le causará problemas de modo permanente, pero necesita ser consciente de su enfermedad, tomar las precauciones necesarias y una serie de medidas preventivas para evitar una posible reacción anafiláctica.

En un mundo ideal la mejor forma de afrontar la anafilaxia siempre sería evitar cualquier factor o alergeno que pudiera desencadenarla. No obstante, por desgracia esto en el mundo real no siempre es posible. La mejor opción es encontrar medios de minimizar la probabilidad de un shock anafiláctico al mismo tiempo que la persona afectada lleva una vida completamente normal. En palabras de la novelista Susan Hill, que padece esta enfermedad: «En el fondo, somos muy afortunados. Conocemos lo que nos puede provocar un shock anafiláctico, y podemos tener siempre a mano un medicamento que salvará nuestra vida».

Una de las formas más eficaces de evitar los alergenos es hablar con la gente que conoce de su enfermedad y de las causas que en su caso pueden desencadenar un shock anafiláctico. Si las personas que conviven, trabajan o pasan mucho tiempo con usted conocen su problema, es probable que traten de evitar los alergenos que en su caso pueden desencadenar un shock anafiláctico. No obstante, estas personas no son infalibles, y por esta razón usted debe estar siempre en guardia y controlar la situación.

En este capítulo examinaremos los medios de identificar y evitar los desencadenantes (alergenos) frecuentes de un shock anafiláctico e investigaremos el modo de controlar esta enfermedad.

Identificar los factores desencadenantes (alergenos)

Cuando una persona ha sufrido un shock anafiláctico, necesita conocer con certeza cuál es el factor que ha desencadenado la reacción para tratar de evitarlo. En 1994 las autoridades médicas del gobierno del Reino Unido publicaron unas directrices claras para los médicos en un documento denominado Actualización del CMO (Chief Medical Office). Este documento declara: «Todos los pacientes en los que se sospecha una alergia a los cacahuetes u otros alergenos alimentarios deben ser referidos a una clínica especializada en alergias. Incluso si el diagnóstico de anafilaxia es dudoso, nunca se aconsejará a los pacientes que hagan pruebas de su reacción consumiendo cacahuetes o cualquier posible alergeno alimentario...».

En cualquier país, las asociaciones de especialistas, colegios de médicos y otras organizaciones oficiales pueden suministrar información sobre las diferentes clínicas de alergia existentes, para poder derivar a los pacientes en los que se sospecha una anafilaxia. Algunas de estas clínicas se especializan en asma, otras en fiebre del heno, anafilaxia o picaduras de insectos. Además, los organismos oficiales pueden proporcionarle información completa sobre los médicos que trabajan en dichas clínicas.

Si su médico de cabecera sospecha que usted padece una alergia alimentaria grave y le deriva a un especialista en alergias (alergólogo), probablemente éste le visitará en un hospital para someterle a diversas exploraciones y pruebas. En primer lugar, llevará a cabo una historia médica suya y de los restantes miembros de su familia. En especial, el alergólogo buscará la evidencia de una tendencia atópica en su familia. Deseará saber lo que usted considera que puede haber causado su problema, qué cantidad del supuesto alergeno consumió y hasta qué punto la reacción anafiláctica fue grave.

Después, el alergólogo llevará a cabo un examen médico y le someterá a una serie de pruebas cutáneas. Las pruebas cutáneas que se practican son de dos tipos: intradérmicas y percutáneas. En las pruebas percutáneas, depositará varias gotas de una solución muy diluida del alergeno sobre la piel y luego puncionará la superficie cutánea con una aguja fina de modo que la sustancia penetre en las capas profundas. Después de unos quince minutos, examinará el área de la prueba y comprobará si se ha producido una reacción y, en caso afirmativo, su gravedad. Cuanto más intensa sea su reacción cutánea (es decir, cuanto mayor sea la inflamación o edema), más grave es su alergia.

El alergólogo también solicitará unos análisis de sangre para comprobar si en ésta se identifica la presencia de anticuerpos (se denominan inmunoglobulinas) frente al alergeno. Si estos resultados sugieren que es probable que sufra una reacción anafiláctica, por ejemplo, a los cacahuetes, probablemente el alergólogo le prescribirá una o dos inyecciones de adrenalina y le aconsejará que lleve siempre consigo un par de ellas. También puede prescribirle antihistamínicos por vía oral y en algunos países adrenalina inhalada.

La prueba de radioalergoabsorción (RAST)

Cuando no es posible efectuar la prueba cutánea directa, por ejemplo, porque el paciente alérgico está en un estado de ansiedad, el especialista puede solicitar una prueba de radioalergoabsorción o RAST. Esta prueba se utiliza para comprobar si existen anticuerpos frente a un alergeno específico en la sangre. Una muestra del alergeno se acopla a una superficie adecuada, como un disco de papel. Después, sobre el disco se deposita una muestra de plasma del enfermo (el plasma es la sangre sin glóbulos rojos). Si la persona afectada presenta anticuerpos, o inmunoglobulinas, frente al alergeno, éstos se unirán al alergeno. El siguiente estadio es aplicar un radioisótopo especial al disco de papel, que sólo se unirá con los anticuerpos. Si la per-

> sona afectada tiene anticuerpos frente al alergeno, el disco
> de papel será radiactivo, mientras que en caso contrario
> no lo será. La ventaja de esta prueba es la falta de riesgo
> para el paciente, aunque es menos sensible que las prue-
> bas cutáneas.

Finalizada la visita con el alergólogo, éste le enseñará cómo administrarse una inyección intramuscular o subcutánea en caso de emergencia, y le explicará cómo y cuándo tiene que tomar la medicación que le ha prescrito.

Evitar los alimentos que desencadenan la reacción

En el capítulo 3 hemos destacado la importancia de evitar el consumo de los alimentos con mayores posibilidades de actuar como alergenos (p. ej., cacahuetes y nueces) durante el embarazo, ya que esto podría sensibilizar al feto. Por la misma razón, hay que evitar que los niños de corta edad consuman frutos secos y otros alimentos conocidos por su potencial alergénico. Pero ¿cuál es la conducta a seguir si su hijo es alérgico a la leche? En el mercado existen algunas leches artificiales para bebés que han sido *hidrolizadas* o procesadas para disminuir el tamaño de las moléculas de las proteínas que más frecuentemente provocan una respuesta alérgica. La leche hidrolizada se comercializa desde hace más de cincuenta años y numerosos laboratorios farmacéuticos la fabrican. En la mayor parte de las farmacias puede adquirir este tipo de leche.

Para evitar el consumo de determinados ingredientes de los alimentos, es necesario que conozca bien la composición de todos los productos alimenticios que consume. En el caso de los alimentos frescos y preparados en casa, esto es fácil: no compra el alimento responsable, no lo cocina y no lo consume. Sin embargo, en el caso de la comida preparada resulta mucho más difícil, ya que en ocasiones no conocerá todos los ingredientes que contiene. Además, muchos de los problemas se plantean a causa del etiquetado de los envases de alimentos.

ETIQUETADO DE LOS ALIMENTOS

La ley de la mayor parte de los países europeos y de Estados Unidos obliga a los fabricantes a exponer en un lugar visible del envase la lista de ingredientes de cualquier producto alimenticio que puede adquirirse en una tienda o gran superficie. Suponiendo que usted sepa que un alergeno concreto puede citarse con otro nombre y suponiendo que se haya leído con atención las etiquetas de los productos alimenticios que ha adquirido, puede pensar que no corre ningún riesgo. No obstante, por desgracia no es así. A pesar de todo, es posible que sin saberlo siga comprando alimentos que constituyen un riesgo de shock anafiláctico. La razón de ello es la denominada regla del 25 %.

Regla del 25 %

En el Reino Unido las reglamentaciones actuales del etiquetado de los alimentos disponen que cualquier ingrediente que constituya un porcentaje inferior al 25 % del producto total no es necesario que se mencione en la lista de ingredientes que figuran en la etiqueta del producto alimenticio. Un ejemplo de esto puede ser una rodaja de salchichón o salami en una pizza congelada. Así pues, en la lista de ingredientes pueden omitirse pequeñas cantidades de un alimento que para usted representa un alergeno. No obstante, muchas tiendas y grandes superficies se han comprometido a proporcionar dicha información aunque la ley no lo exija. En la actualidad estas reglamentaciones se están revisando, y es posible que pronto podamos identificar en la etiqueta del producto alimenticio incluso el indicio más insignificante de un alergeno conocido.

En toda Europa y en Estados Unidos numerosas tiendas y grandes superficies son conscientes de los peligros asociados con las alergias alimentarias. Algunos publican folletos que mencionan los productos que no contienen ingredientes o combinaciones de ingredientes con posibilidades de desencadenar una alergia. Por otra parte, las asociaciones de enfermos con alergias tratan de persuadir a los fabricantes para que eliminen algunos ingredientes de sus productos. Las grandes superficies con panaderías en el propio centro comercial son conscientes de los peligros de la *contaminación cruzada* y, de este modo, advierten con anuncios que, después de haber cocido en el horno galletas danesas, en las barras de pan es posible que inadvertidamente existan indicios de nueces o cacahuetes.

Estas medidas se están tomando gracias a la presión que ejerce la gente preocupada por las alergias y la anafilaxia. Para continuar aumentando la conciencia sobre la anafilaxia, es necesario que mantengamos esta presión. Por ejemplo, las personas alérgicas pueden escribir a las tiendas de alimentación y grandes superficies solicitándoles que confeccionen listas de sus productos que contienen, por ejemplo, semillas de sésamo, albúmina o cualquier otro alergeno conocido, o cuáles de los productos no lácteos contienen proteínas de la leche. También pueden ejercer presión solicitando que el área de la panadería incluida en el supermercado esté protegida de la posibilidad de contaminación cruzada, de modo que pueda comprar pan recién horneado sin ningún peligro.

ADITIVOS ALIMENTARIOS

Los aditivos alimentarios constituyen otra área de preocupación para las personas con alergias alimentarias. Los aditivos se añaden deliberadamente a los alimentos durante su procesamiento. La finalidad principal de los aditivos es conservar el alimento durante mayor cantidad de tiempo, detener el desarrollo de bacterias y mohos e impedir que el alimento «se estropee». Por otra parte, los aditivos alimentarios pueden mejorar el sabor, la consistencia y el color del alimento, e incluso su valor nutricional.

No obstante, numerosas personas son escépticas con respecto a los beneficios de los aditivos alimentarios, incluyendo aquellos cuya utilización ha sido aprobada por la Unión Europea: los que se indican con la letra E. Muchas personas, sobre todo los niños, reaccionan intensamente a diversos aditivos alimentarios, en especial al E102 (la tartracina) y al E210 (el ácido benzoico). Es posible obtener una lista exhaustiva de todos los aditivos alimentarios a partir de los Ministerios de Agricultura de los distintos países de la Unión Europea. Tal como se ha mencionado previamente, los aditivos naturales de los alimentos son los fermentos, el ácido cítrico, huevo y albúmina de pescado. Los aditivos sintéticos más importantes son los colorantes azoicos, los derivados del ácido benzoico y la penicilina. Sin embargo, existe un número mucho más elevado de aditivos, y sólo gracias a una búsqueda cuidadosa de estas sustancias se puede tener un grado razonable de seguridad de que no se están consumiendo.

Otra sustancia capaz de provocar reacciones alérgicas y anafilaxia es el mentol. El mentol es una causa muy poco frecuente de urticaria, pero es una sustancia que debe tenerse en cuenta, porque está contenida en numerosos productos: caramelos, dulces, gotas para la tos, nebulizadores en aerosol, medicamentos utilizados por vía tópica y cigarrillos mentolados.

El banco de datos de las intolerancias alimentarias

Este banco de datos mantiene una información detallada sobre los alimentos conocidos por provocar reacciones alérgicas y prepara listas de alimentos que no contienen estos ingredientes. El banco de datos actualmente se basa en los siguientes ingredientes:

- *Leche y sus derivados.*
- *Huevo y sus derivados.*
- *Trigo y sus derivados.*
- *Soja y sus derivados.*
- *BHA y BHT.* Éstos son los antioxidantes que impiden que los ácidos grasos se vuelvan rancios. El BHA se cita en las etiquetas de los alimentos

como E320 y puede encontrarse en los cubitos de caldo y el queso fundido para untar. El BHT se cita como E321 y puede encontrarse en la goma de mascar.

- *Dióxido de sulfuro.* Es un conservante contenido en los alimentos cuya etiqueta menciona E221-E227 inclusive.
- *Benzoatos.* Son conservantes que se encuentran en los alimentos cuya etiqueta menciona E210-E219 inclusive.
- *Colorantes azoicos.* Éste es un grupo de colorantes que incluyen el E102 (la tartracina que se añade a los refrescos), E110 (el colorante amarillo pálido que se añade a las galletas industriales), E122, E123, E124, E128 (el colorante rojo que se añade a las salchichas), E151 (colorante negro), E154 (el colorante marrón que se añade al arenque ahumado), E155 (colorante marrón chocolate) y E180.

Debido a la incertidumbre actual sobre la posibilidad de que el aceite de cacahuete refinado contenga el alergeno de los cacahuetes o no, el banco de datos no publica listas de alimentos «sin cacahuete» o «contienen cacahuete», aunque espera elaborar dichas listas en el futuro. Además, algunas de las principales cadenas de grandes superficies no suministran la información sobre los ingredientes al banco de datos pero publican sus propias listas, que están disponibles de forma gratuita para el público.

El acceso a la información contenida en el banco de datos sólo es posible a través de profesionales cualificados. Si desea conocer estas listas, puede solicitar información a su médico, que le indicará cómo conseguirlas.

La visita a un dietista

Si ha experimentado una reacción anafiláctica alimentaria, es muy probable que conozca el alergeno que la ha causado. Por ejemplo, si es alérgico a la leche y a sus derivados, el dietista le indicará cómo evitar la leche y todos los productos lácteos. Le proporcionará una lista de los alimentos procesados que contienen leche y le indicará la forma en que ésta puede estar descrita en las diferentes etiquetas de los productos alimenticios. Su dietista le puede proporcionar recetas de cocina para que aprenda a cocinar sin leche, y probablemente le sugerirá que limite su dieta a los alimentos preparados en casa utilizando ingredientes básicos y que trate de evitar la comida preparada, precocinada y los alimentos procesados.

Después de hacer los cambios necesarios en su dieta diaria, el dietista se asegurará de que ésta le suministra una nutrición adecuada para sus necesidades corporales y su bienestar. Le indicará fuentes alternativas de nutrición y es posible que le aconseje que tome suplementos de vitaminas o minerales. También es importante que las personas alérgicas sigan una dieta razonable y variada, especialmente en el caso de los niños, de modo que su seguimiento no plantee ningún problema. En el caso de niños alérgicos, es preciso que participen en su tratamiento lo antes posible, con objeto de que presten atención a los riesgos y comprendan la importancia de evitar los alimentos peligrosos para ellos. Siempre es necesario controlar de cerca los hábitos alimentarios de un niño alérgico.

Si no conoce el alimento responsable de la alergia, es posible que el dietista le recomiende utilizar un diario donde anote el consumo de alimentos realizado durante las veinticuatro horas anteriores a cada ataque. Otro método consiste en una dieta de eliminación empleando exclusivamente alimentos blandos no alérgicos. Esta dieta puede incluir habitualmente los siguientes productos: cordero, buey, arroz, patatas, zanahorias, judías, guisantes, salsa de manzana, compota de peras, melocotones, cerezas, mantequilla, azúcar, té sin leche ni limón y café sin nata. El dietista le recomendará que siga esta dieta durante tres semanas. Si no aparece ninguna alergia o reacción anafiláctica, le indicará que añada uno a uno los alimentos sospechosos para observar las sucesivas reacciones que producen.

COMER FUERA DE CASA

Los restaurantes y bares están muy lejos todavía de responder a las necesidades de las personas con alergias y anafilaxia. De hecho, en los países de la Unión Europea es poco probable que en un restaurante o cualquier establecimiento de restauración le suministren un folleto con los ingredientes de todos los platos de la carta; en cambio, en países como Canadá algunos restaurantes proporcionan dichas listas de ingredientes y disponen de un miembro del personal para contestar a las preguntas del cliente sobre el contenido de cada plato.

Sin duda, cuando una persona adulta propensa a las alergias y a la anafilaxia come fuera, la responsabilidad de lo que come es sólo suya. En muchas ocasiones, un camarero muy atareado no tendrá tiempo de indicarle todos los ingredientes de cada plato. Por consiguiente, si no conoce exactamente la composición del plato que desea tomar, es preferible que no se arriesgue.

LA INDUSTRIA DE LA COMIDA Y LOS PLATOS PREPARADOS

Casi todas las víctimas de un shock anafiláctico provocado por la comida han muerto como consecuencia de haber comido algo fuera de casa. Esto, sumado al hecho de que el número de personas con alergias alimentarias graves es cada vez mayor con cada generación, debería ser suficiente para que la industria de los platos preparados tratara de reforzar las medidas de seguridad y hacer más estrictos todos los procedimientos. O como expresó una mujer que experimentó un shock anafiláctico grave como consecuencia de consumir nueces, que, sin que lo supiera, eran uno de los ingredientes del plato preparado que tomó: «En la cocina hemos de temer a las nueces casi tanto como si fueran un veneno».

Hasta la fecha la industria de platos preparados no ha respondido con la misma celeridad que las grandes superficies comerciales a las necesidades de las personas con una alergia alimentaria.

La mayoría de los países están adoptando un código que deberán adoptar todas las escuelas de hostelería y establecimientos de platos preparados para evitar la anafilaxia, es decir, comprender los peligros del consumo de alimentos que contienen potentes alergenos y la necesidad de una preparación rigurosa y de procedimientos adecuados para servir las raciones, así como de suministrar una información exacta sobre los ingredientes.

Existen una serie de precauciones evidentes que ha de tomar cualquier profesional de la hostelería y que deberían ser la base de un protocolo para la anafilaxia:

- Es necesario que el personal reciba un curso de formación sobre la anafilaxia: cómo se produce, cuáles son sus causas y cuál su gravedad. La Campaña frente a la Anafilaxia o cualquier otro organismo oficial puede suministrar un folleto informativo.
- Si en una receta se utilizan frutos secos o cualquier otro alergeno común que pueda desencadenar un shock anafiláctico, debe suministrarse esta información al personal que servirá o distribuirá la comida.
- Si es posible se sustituirán los alergenos conocidos por otros ingredientes.
- Si se ha utilizado aceite para freír frutos secos, dicho aceite debe considerarse como un alergeno potencial.
- Es necesario garantizar que los jefes de cocina, cocineros, pinches y manipuladores de alimentos leen las listas de ingredientes de los productos alimenticios que compran a sus proveedores.
- Si durante la preparación de un plato se utilizan alimentos que son alergenos conocidos, es preciso tomar medidas estrictas para evitar la contaminación cruzada tanto durante la preparación como en el servicio o distribución.

> ## *Tomar las primeras medidas*
>
> Sirva como ejemplo el del Hotel Hilton, que sólo en el Reino Unido dispone de más de veinticinco establecimientos distribuidos por toda su geografía. Después de una revisión de los alimentos y bebidas, se recopilan y se enumeran los ingredientes de todos los platos que ofrece cada restaurante. Cada cocina trabaja a partir de una «biblia de ingredientes», y los cocineros no se desvían de los ingredientes acordados para cada plato. Los menús se imprimen con las palabras siguientes: *Para aquellos que sufren alergias alimentarias, tenemos el placer de suministrar todos los detalles de los ingredientes de cada plato. Por favor, solicítelo al camarero.*
>
> En el Reino Unido existen servicios que tratan de comprobar los restaurantes, cafeterías y establecimientos de comidas preparadas que son conscientes del problema de la anafilaxia. De los 53 establecimientos examinados, sólo un 36% indicaban a los clientes la presencia de alergenos como los frutos secos en los alimentos disponibles.

COMER DURANTE LOS VIAJES

Con un poco de preparación y planificación, es posible evitar determinados alimentos durante los viajes. Por supuesto, la solución más simple sería llevarse su propia comida. Si tiene intención de comer en el avión, el barco o el tren, es aconsejable que en el caso de que el viaje sea largo, advierta por anticipado al personal de su problema alérgico de modo que puedan proporcionarle comidas apropiadas.

Algunas compañías aéreas alientan a los pasajeros a informar por anticipado a la compañía sobre las alergias alimentarias. Esto es especialmente importante en el caso de los niños, sobre todo si el niño ha de viajar solo o si el padre o la madre se encuentran en otra parte del avión cuando llega el personal de la tripulación responsable de la distribución de la comida, ya que éste podría ofrecer al niño unos frutos secos o cualquier otro alergeno que desencadenara una reacción.

Cuando llegue a su destino, recuerde que los productos alimenticios que usted puede consumir sin problemas en su país pueden ser responsables de una alergia, ya que pueden elaborarse utilizando métodos diferentes y por esta razón contener alergenos. Esto es especialmente cierto en el caso de las barritas de chocolate que se fabrican en muchos otros países y que pueden no cumplir unos controles de producción tan estrictos como en la mayoría de los países de la Unión Europea.

Evitar el látex

Evitar el látex en la vida diaria probablemente es más difícil que evitar los frutos secos como las nueces o cacahuetes o cualquier alergeno alimentario. El látex es un producto que está en todas partes, y su presencia no tiene por qué advertirse en una etiqueta. Dado que se utiliza en la fabricación de más de cuarenta mil productos distintos, obviamente el látex no desaparecerá de la Tierra en un abrir y cerrar de ojos. Todavía serán necesarios muchos años.

Condones sin látex

En la actualidad todos los condones se fabrican con látex. Algunos pueden llevar una referencia a la *alergia* en su nombre, pero esta referencia tiene que ver con si incorporan o no un lubricante espermicida al cual muchos individuos son alérgicos. Varios fabricantes han desarrollado un condón fabricado con poliuretanos que se está ensayando en Estados Unidos y en un futuro próximo estará disponible en la mayoría de los países.

Sin embargo, a pesar de todo puede tomar algunas precauciones simples, como no utilizar guantes de goma para lavar los platos o cualquier otra tarea doméstica o llevar unos guantes sin látex cuando acuda al dentista para una revisión dental. En la mayoría de los países de la Unión Europea y en Estados Unidos, numerosas farmacias y establecimientos especializados venden guantes «alergénicos» que se fabrican a partir del PVC (o cloruro de polivinilo, un material sintético), y algunas grandes superficies venden guantes de vinilo desechables para uso doméstico. También puede comprar guantes sin látex de tipo industrial.

Quizá podría seguir el ejemplo de Mandy (véase p. 52) y solicitar a su centro de asistencia primaria, ambulatorio, médico general, servicio de ambulancia local, etc., que registre los detalles de la alergia al látex en su ordenador, de modo que en caso de que deban administrarle un tratamiento urgente no utilicen guantes de látex. Para mayor seguridad, si es usted una persona con problemas alérgicos, es aconsejable que lleve una pulsera o cualquier otro objeto de Alerta Médica.

Alerta Médica

Alerta Médica es muy útil para las personas con enfermedades que no son necesariamente evidentes pero que pueden suponer una amenaza para la vida, como el asma, la hemofilia, un grupo sanguíneo raro (como el Rh negativo), enfermedades cardíacas y la anafilaxia. Alerta Médica es una organización internacional que suministra información médica personal a los profesionales de asistencia sanitaria con la finalidad de salvar la vida del paciente.

Cada miembro de esta organización lleva el símbolo de Alerta Médica en forma de una pulsera o collar. En el reverso del emblema se describe brevemente la enfermedad, unos consejos sobre el tratamiento, el número de socio y un número de teléfono de urgencias de 24 horas. Telefoneando a este número e indicando el número de identificación del paciente, un médico o una enfermera proporciona información médica detallada, el nombre del médico del paciente y números de teléfono de contacto con miembros de la familia. El paciente suministra esta información a la asociación de Alerta Médica y su médico verifica dicha información.

Alerta Médica actúa en 43 países y tiene cuatro millones de miembros en todo el mundo.

EL PERSONAL DE ASISTENCIA SANITARIA HA DE EVITAR EL LÁTEX

En Estados Unidos se han tomado numerosas medidas para proteger tanto a los pacientes como a los trabajadores de asistencia sanitaria de los problemas asociados con las alergias al látex. Es posible examinar a los trabajadores en busca de una alergia potencial al mismo, y muchos hospitales disponen de sus propios protocolos al respecto. En 1993 la Food and Drug Administration estadounidense anunció que todos los dispositivos médicos que contenían látex tenían que llevar una advertencia en el envase indicando «este producto contiene látex natural». En Canadá las autoridades sanitarias están considerando etiquetar los productos a base de látex e investigando la sensibilidad al mismo en una gran muestra de trabajadores de asistencia sanitaria.

En la mayoría de los países no se dispone de datos sobre el número de estos trabajadores que experimentan sensibilidad al látex.

No obstante, es posible tomar una serie de medidas para disminuir la probabilidad de que esto ocurra. Dichas medidas incluyen:

- Adquisición de guantes quirúrgicos estériles sintéticos que no contengan látex. (Sin embargo, algunos trabajadores de asistencia sanitaria consideran que estos guantes limitan en exceso los precisos movimientos que deben hacer con los dedos durante su trabajo.)
- Persuadir a los fabricantes para que mencionen la cantidad de proteínas extraíbles del látex utilizadas en sus productos y hacer circular estos detalles a compradores de suministros hospitalarios.
- Establecer un nivel aceptable máximo de proteínas extraíbles y adquirir sólo guantes cuya cantidad de proteínas sea inferior al mismo.
- Las autoridades sanitarias deben comprometerse a suministrar productos sanitarios con muy pocos alergenos o sin látex.

- Los trabajadores de asistencia sanitaria no deben utilizar guantes de látex a menos que sea verdaderamente necesario. (Esto puede ser difícil en algunos países, porque en el momento actual no existen directrices publicadas disponibles por lo que respecta a los guantes que deben utilizarse en cada una de las diferentes situaciones.)

Desde un punto de vista económico, en la actualidad resulta difícil justificar la adopción de estas medidas. Sin duda se requiere una mayor investigación sobre la magnitud del problema entre los trabajadores de asistencia sanitaria en los distintos países.

¿Qué significa «hipoalergénico»?

Los productos comercializados como «adecuados» para las personas con alergias en ocasiones se conocen con el nombre de «hipoalergénicos». Este término significa simplemente «menos alergénico» y, por consiguiente, en realidad no significa nada a menos que luego explique exactamente la cantidad de alergeno que contiene el producto. La Food and Drug Administration ha prohibido la utilización del término «hipoalergénico» en todos los productos médicos que contienen látex, y en lugar de ello ha insistido en que los fabricantes incluyan una advertencia visible sobre el contenido de látex impresa en el envase.

Evitar las picaduras de insectos

Tratar de evitar a las avispas y las abejas en un día de sol radiante cuando ha decidido comer en el campo o ir a la playa, donde está rodeado de los restos de su comida campestre o de los envoltorios de los helados, resulta muy difícil. Si es usted apicultor le resultará imposible evitar a las abejas. Evitar una picadura de estos insectos en ocasiones resulta una tarea imposible, ya que la mayoría de las personas que la sufren no han visto a la abeja hasta que han sentido el dolor de la picadura. Si vive usted completamente a merced de las avispas, habrá renunciado a controlar su vida, y la avispa o su miedo a estos insectos habrá ganado la batalla.

A pesar de que en la mayoría de los adultos serían necesarias más de cien abejas para inocular una dosis letal de veneno, si es usted una persona alérgica ha de ser precavido, ya que en general en el mundo occidental ocurren de tres a cuatro veces más muertes por picaduras de abeja que por mordeduras de serpiente. Tal como se ha mencionado en el capítulo 3, existen una serie de medidas simples que puede tomar para reducir la posibilidad de sufrir una picadura. La siguiente lista ha sido elaborada por personas que se han sensibilizado al veneno de las avispas y que saben lo peligrosa que puede ser una nueva picadura:

- Si va a comer al campo, lleve siempre los alimentos bien tapados. Cuando termine la comida, recoja todos los desperdicios.
- Nunca pasee descalzo dentro ni fuera de casa.
- Nunca se ponga unos zapatos sin sacudirlos primero.
- Si encuentra un nido de avispas cerca de su casa, es necesario eliminarlo inmediatamente. En algunos países los departamentos de control de plagas dan prioridad

a las personas con anafilaxia, de modo que merece la pena que mencione su problema cuando llame solicitando ayuda.

- No lleve ropa de colores llamativos cuando pasee por el campo.
- No lleve perfume, y mucho menos intenso.
- Si una avispa empieza a zumbar a su alrededor, no haga aspavientos ni intente ahuyentarla con los brazos.
- Cuando permanezca en el jardín o en el campo, protéjase la cabeza con un sombrero y lleve los brazos y piernas cubiertos.
- Durante los meses estivales cierre las puertas y ventanas de su casa. Proteja las ventanas con tela metálica. Las telas metálicas son muy útiles, ya que evitarán la entrada no sólo de abejas y avispas sino de cualquier otro insecto molesto.
- En otoño no salga al campo a coger fruta; de hecho, los huertos de manzanas maduras no son un lugar adecuado para una persona que padece anafilaxia.
- Mantenga un suministro adecuado de insecticidas por toda la casa.
- Cuando salga al campo o a la playa, lleve siempre repelentes de insectos.
- No manipule arbustos que se encuentren en plena floración.
- No permanezca cerca de colmenas o zonas frecuentadas por abejas o avispas.
- No se acerque a lugares donde se acumulan basuras y desperdicios.
- No se sitúe bajo focos luminosos.

Conducta a seguir en caso de picadura

Si le ha picado una abeja, es necesario que retire el aguijón rápidamente. En general, el saco del veneno así como el aguijón quedan incrustados en la piel y deben ser extraídos. Si no se extrae, se reabsorbe y puede actuar como un foco de irritación. Si la picadura se ha producido en una extremidad, puede ser beneficioso aplicar un torniquete por encima de la lesión para evitar la absorción y difusión del veneno. El consejo de eliminar los aguijones de las abejas se ha revisado recientemente después de un nuevo estudio estadounidense. Se solía recomendar la extracción del aguijón preferiblemente con unas pinzas, de modo que pudiera prevenirse la diseminación del veneno, pero el estiramiento de los segmentos del saco que contiene el veneno suele diseminar éste por los tejidos circundantes. El consejo actual es retirar rápidamente el aguijón con lo que se tenga más a mano, ya sea un cuchillo o incluso una tarjeta de crédito, pero preferentemente raspándolo con un cuchillo afilado. Lo decisivo es la *rapidez* de la eliminación del aguijón, antes que el método utilizado para extraerlo. Por supuesto, este método sólo se aplica a las abejas, porque las avispas, como ya se ha mencionado en el capítulo 3, no dejan el aguijón.

Si la picadura de la abeja o la avispa se produce en un vaso sanguíneo, la reacción anafiláctica puede ser casi instantánea. Si se produce en la lengua o la garganta, la inflamación será casi inmediata, por lo que puede provocar asfixia. A nivel local es aconsejable aplicar compresas frías o hielo sobre la picadura para aliviar la inflamación. Además, el hielo actúa como un analgésico muy eficaz. Las personas con hipersensibilidad al veneno de las abejas o de las avispas deben llevar *siempre* un estuche con adrenalina precargada o viales de adrenalina, junto con jeringas y agujas para su administración intramuscular o subcutánea. Además, es aconsejable que lleven comprimidos de antihistamínicos y algún analgésico.

Las reacciones mortales a una avispa pueden presentarse pocos minutos después de la picadura.

Recuerde que el tratamiento inmediato consiste en la administración intramuscular o subcutánea de adrenalina al uno por mil, en dosis de 0,3-0,5 ml. Luego, si las manifestaciones no ceden con esta primera inyección, se seguirá administrando adrenalina a intervalos de 20-30 minutos. Si los síntomas son muy graves, puede administrarse por vía intravenosa *lenta* (durante varios minutos).

Por otra parte, recuerde que el veneno de las abejas es ácido, por lo que debe aplicar a la herida un alcalino suave, como el bicarbonato. Por el contrario, en las picaduras de las avispas, cuyo veneno es alcalino, está indicado un ácido suave, como el limón o el vinagre, que aliviará el dolor.

Asimismo, en las reacciones anafilácticas que ocurren después de la inyección de un fármaco como la penicilina o la picadura de un insecto, puede ser muy útil una inyección *local* de 0,1-0,2 ml de adrenalina para retrasar la absorción del antígeno.

Tratamiento de desensibilización para las reacciones anafilácticas a las picaduras de insectos

A algunas personas les resulta demasiado difícil vivir con el riesgo de sufrir una reacción anafiláctica a una picadura de avispa. Estas personas podrían beneficiarse de un tratamiento de desensibilización frente al veneno de las avispas o de las abejas. En la mayoría de los países europeos y en Estados Unidos existen clínicas especializadas en alergias que ofrecen estos tratamientos, denominados de *desensibilización* (es decir, que disminuyen la sensibilidad del paciente a la causa de su reacción alérgica).

El profesor David Warrell es catedrático de medicina tropical y enfermedades infecciosas de la Universidad de Oxford y consultor de la clínica de intoxicaciones y picaduras del Hospital Churchill de Oxford. Su ámbito concreto de interés son los efectos directos de los venenos de los animales: mordeduras de serpiente y picaduras de araña, de medusa, de escorpión, de avispa y de abeja. Durante su trabajo en los trópicos con víctimas de picaduras de serpiente, este médico presenció cientos de reacciones anafilácticas. La causa de las mismas es que el único tratamiento eficaz para las mordeduras de serpiente es inyectar un antiveneno (o suero antiofídico) muy potente, cuyo principal efecto secundario estriba en que desencadena una reacción anafiláctica hasta en un 80 % de los pacientes. El interés de este médico por los venenos y su experiencia en el tratamiento de la anafilaxia le condujo a hacerse cargo de una clínica de toxicología y venenos del Reino Unido en 1986.

En las clínicas de alergia le pueden proporcionar información sobre el tratamiento de desensibilización para los pacientes con alergias agudas. Para recibir este tratamiento, el médico general o el médico de familia debe remitir al paciente a una de estas clínicas.

¿Qué pacientes pueden ser tratados?

No todos los pacientes que han experimentado una grave sensibilización a las picaduras de las abejas o de las avispas son adecuados para un programa de desensibilización. Por ejemplo, los niños rara vez son tratados con este método, ya que es probable que a medida que crezcan su sensibilidad al veneno de los insectos disminuya. Tampoco se recomienda en el caso de las mujeres embarazadas, pues el tratamiento podría provocar contracciones dolorosas del útero, uno de los síntomas iniciales del shock anafiláctico, y esto podría acarrear un ligero riesgo de aborto.

Por otra parte, algunos pacientes no pueden afrontar la idea del tratamiento; quizá no les es posible comprometerse a asistir a cada visita en la clínica el número de veces necesarias, o tienen miedo a las inyecciones, o son reacios a que se les inyecte una sustancia.

Los pacientes más apropiados para este tratamiento son examinados en busca de su sensibilidad al veneno de las abejas o de las avispas utilizando la prueba de radioalergo-absorción o la prueba del pinchazo cutáneo descritas en las páginas 98 y 97, respectivamente.

El tratamiento de desensibilización incluye la inyección de un extracto débil de veneno. A lo largo de un período de tiempo se aumenta la potencia de éste, de modo que el paciente gradualmente produce una tolerancia al mismo (es decir, «se acostumbra»). El tratamiento habitualmente se continúa como mínimo durante tres años. Un tratamiento estándar incluye ocho inyecciones semanales consecutivas, seguidas de una inyección de mantenimiento inicialmente a intervalos de cuatro semanas. Si este tratamiento se tolera bien, el espacio entre las inyecciones de mantenimiento se prolonga hasta cinco semanas, después hasta seis y así sucesivamente hasta intervalos de tres meses. Por lo general los niveles de anticuerpos frente al antígeno disminuyen durante el período de desensibilización. En el caso de la mayor parte de los pacientes, llega un momento en que son capaces de tolerar el equivalente a dos picaduras de avispa sin presentar una reacción local o sistémica al término de las primeras ocho semanas de desensibilización.

Utilizando estos preparados antiveneno modernos, los pacientes que han sido desensibilizados durante tres años tienen más del 90 % de posibilidades de curarse de su sensibilidad al veneno de las abejas y avispas.

El profesor Warrell reconoce que en realidad los expertos no saben cómo funciona la desensibilización. «La clínica antiveneno es un extraordinario ejercicio de medicina preventiva, y existen pruebas abrumadoras de que el tratamiento resulta eficaz —afirma—. Pero desearía poder medir en la sangre de los pacientes algo relacionado con el proceso de desensibilización.»

Incluso cuando los pacientes han sido desensibilizados, el profesor Warrell sigue aconsejándoles que lleven siempre consigo adrenalina. La razón es que en algunas personas la eficacia del tratamiento de desensibilización puede disminuir a lo largo de varios meses o años. Según la gran experiencia de este investigador con la anafilaxia, la adrenalina es «el fármaco que salva la vida del paciente». Destaca la importancia de que el paciente comprenda cuándo y cómo utilizar las inyecciones de adrenalina. «Un paciente que está sufriendo un shock anafiláctico puede perder la conciencia al cabo de treinta segundos, de modo que la inyección de adrenalina ha de ser inmediata», insiste.

El profesor Warrell ha presenciado numerosas reacciones anafilácticas y con todo no desea asustar a la gente innecesariamente. Sigue impresionado por la capacidad del propio cuerpo para afrontar este tipo de emergencia. «Considerando la gravedad y la rapidez de una reacción anafiláctica —dice—, es sorprendente que fallezca tan poca gente...»

Como conclusión, cabe mencionar que la inmunoterapia desensibilizante se practica en la mayoría de los países desde hace más de diez años. Los estudios clínicos han demostrado que es eficaz en más del 90 % de los casos. La inmunoterapia está indicada en las personas que han experimentado shocks anafilácticos previos, siempre que tengan pruebas cutáneas positivas. Se utilizan mezclas de los venenos disponibles, ya que los de los distintos véspidos son muy similares desde un punto de vista antigénico.

Como ya se ha mencionado, tomando medidas preventivas para evitar los alergenos conocidos y llevando siempre consigo adrenalina, los riesgos de padecer un shock anafiláctico pueden disminuir hasta un nivel totalmente controlable. Incluso así, la anafilaxia sigue siendo una enfermedad preocupante, y sus efectos psicológicos sobre las víctimas y sus familiares no deben subestimarse. En el siguiente capítulo examinaremos estos efectos psicológicos más detenidamente y sugeriremos medios para aliviarlos.

Capítulo 7

Efectos psicológicos de la anafilaxia

Como ya se ha mencionado a lo largo de este libro, usted puede tomar numerosas medidas para limitar la exposición a las causas de la anafilaxia y, por otra parte, dispone de medicación eficaz para tratar los síntomas físicos. Sin embargo, ¿qué medidas se pueden tomar con respecto al impacto psicológico y emocional de la enfermedad? Es sumamente importante comprender el impacto que la anafilaxia puede tener sobre la vida de una persona así como sobre la de su familia.

Necesitamos considerar los síntomas emocionales y físicos que se experimentan después de un shock anafiláctico, y si la persona que lo ha sufrido es un niño, es preciso examinar las implicaciones para los cuidadores y padres y la familia más próxima. Estas personas pueden necesitar algunos consejos sobre cuál es la mejor forma de cuidar del niño, así como un apoyo en el reconocimiento y afrontamiento del estrés psicológico al que pueden estar sometidos. Los hermanos también pueden verse afectados por las consecuencias temibles de un shock anafiláctico.

Las características psicológicas de la anafilaxia son mucho menos conocidas y apenas se han descrito en comparación con los síntomas físicos de la enfermedad. Sin embargo, pueden tomarse numerosas medidas a fin de aliviar el miedo y restaurar la capacidad de una persona para funcionar normalmente después de haber sufrido un shock anafiláctico. La primera y la más importante es que todas las personas afectadas por este proceso reconozcan los efectos emocionales y psicológicos de la anafilaxia.

Los efectos sobre una persona que sufre una anafilaxia

En general, las personas que han experimentado un shock anafiláctico agudo se habrán sentido muy cerca de la muerte. La mayor parte de la gente afronta notablemente bien esta experiencia. Las personas afectadas inicialmente sentirán miedo, pero una vez que han tenido la posibilidad de considerar la situación y han hablado con su pareja, amigos, padres o quizá su médico, suelen asumir la nueva situación. No obstante, pueden surgir una serie de problemas psicológicos y emocionales a los que es necesario prestar especial atención.

ANSIEDAD

Algunas personas pueden experimentar síntomas de ansiedad; tal vez mantengan muy vivo el recuerdo del shock anafiláctico y eviten todo lo que les recuerde la reacción. Su reacción y los síntomas posteriores también podrían interferir notablemente en su actividad laboral y en su vida social e impedirles llevar a cabo parte de sus actividades diarias normales. A continuación se describen algunos de los síntomas que una persona puede experimentar.

- Seguir reexperimentando mentalmente el shock anafiláctico, ya sea recordando sin cesar el episodio, a través de sueños de repetición o visualizando retrospectivamente su reacción.
- Evitar activamente cualquier cosa que se asocie con la reacción anafiláctica, incluyendo los pensamientos y sentimientos que les recuerdan la reacción, así como las actividades, lugares y personas.
- Perder completa o parcialmente el recuerdo del acontecimiento.
- Perder interés por actividades que solían ser importantes para ellos o sentirse incapaces de realizarlas.
- Distanciarse o experimentar sentimientos de indiferencia con respecto a los demás.
- Expresar el sentimiento de que no vivirán mucho tiempo o de que no serán capaces de vivir la vida plenamente.
- Tener dificultades para conciliar el sueño o sufrir insomnio.
- Sentir irritabilidad o manifestar episodios súbitos de cólera.
- Tener dificultades para concentrarse.
- Manifestar una conducta hipervigilante (una conciencia obsesiva de todo lo que ocurre a su alrededor).
- Tener una respuesta de miedo, exagerada, a determinados acontecimientos o situaciones.
- Reaccionar físicamente (p. ej., con sudor abundante o hiperventilación) cuando cualquier circunstancia les recuerda su shock anafiláctico.

Es muy posible que no experimenten ninguno de estos síntomas inmediatamente después de la reacción anafiláctica o tan sólo uno o dos. De no ser así, o si todavía los experimenta, significa que la experiencia le provocó un estrés notable. Esto es totalmente normal y comprensible. Resulta importante reconocer la situación, de modo que la víctima pueda afrontar los problemas con la ayuda de los demás. En ocasiones algunas personas pueden necesitar la ayuda de un profesional.

Negación

La gente que ha experimentado un shock anafiláctico puede apartar con tanta eficacia la experiencia de su mente que llega a negar que ha sufrido un shock anafiláctico. Alternativamente, una persona puede haber experimentado un estrés tan intenso por la situación que la negación se convierte en una barrera de defensa psicológica. Sea cual fuere la causa, resulta muy peligroso, tal como pone de manifiesto la historia de Juliet, descrita a continuación.

La historia de Juliet

«Mi primera experiencia de un shock anafiláctico ocurrió cuando tenía veinte años. Me picó una avispa mientras estaba en el jardín disfrutando de un soleado día de verano. Sentí la picadura seguida de una sensación urente muy aguda. Me enfadé conmigo misma por no haber visto la avispa mientras me tomaba un refresco. Después ocurrió. Empecé a sentir una sensación de mareo, ansiedad y calor intenso por todo el cuerpo. Mi piel enrojeció de pronto y se llenó de ampollas, y noté que la lengua se hinchaba rápidamente. Me sentía muy mal y sufrí un ataque de pánico. ¡Necesitaba ayuda! Por fortuna, mi marido estaba en casa y llamó rápidamente al médico, que, a Dios gracias, vive muy cerca de mi casa.

»Al cabo de pocos minutos llegó, y comprendiendo la gravedad de la situación, me administró de inmediato una inyección de adrenalina. Después me recuperé rápidamente, pero era evidente que mi reacción no había sido normal. El médico me indicó que había sufrido una reacción alérgica grave al veneno de la avispa; en otras palabras, un shock anafiláctico. .

»Después de este episodio se supone que siempre tengo que llevar conmigo inyecciones de adrenalina, nunca he de ir descalza, en verano tengo que mantener las ventanas y puertas cerradas y prestar mucha atención al peligro de las avispas. Francamente, considero que estas medidas son muy restrictivas, y no tengo ningún deseo de que estas criaturas dominen mi vida. Si salgo, casi nunca me acuerdo de llevarme la adrenalina, a pesar de que mi marido no cesa de repetírmelo en cada ocasión. Mi opinión es que si voy a sufrir la picadura de otra avispa, eso ya es lo bastante malo. Llevo una vida normal, como siempre he llevado, y soy feliz. ¿Por qué debería estar constantemente en guardia y destrozar mis nervios? No me parece nada práctico, y en cualquier caso, es muy poco probable que sufra una nueva picadura. Además, odio las inyecciones.»

Juliet reconoce que sufre anafilaxia, pero niega la importancia de estar preparado para cualquier posible reacción. Es interesante destacar que también admite su miedo a las inyecciones. Éste es otro factor al que deben enfrentarse las personas con anafilaxia. Probablemente, es justo decir que a la mayoría de la gente no le gustan las inyecciones y que en realidad a muchos les asustan. Por consiguiente, no es nada sorprendente que algunos pacientes no estén dispuestos a tomar la medicación prescrita por su médico.

La negación hace que el paciente forme una «fachada protectora» que le permita continuar con su vida de una forma relativamente normal. Es importante proveer apoyo a estas personas y al mismo tiempo ayudarles a afrontar la realidad de su experiencia. Necesitan comprender que si no toman la medicación o si se exponen a sabiendas al desencadenante de su anafilaxia, ponen en peligro su vida.

Los adolescentes son especialmente propensos a hacer oídos sordos a su anafilaxia. Es decisivo educarles con respecto a las mejores maneras de adaptarse a su enfermedad. El objetivo inicial debe ser restaurar un nivel aceptable de seguridad y control. Los cuidadores y familiares de una persona con anafilaxia han de ser conscientes de las posibles consecuencias que la negación de la enfermedad puede tener sobre la víctima. Es preciso que estén alerta al peligro de que ésta se exponga al posible alergeno, y deben recordarle, con firmeza pero con tacto, que ha de tomar la medicación y minimizar su exposición a los desencadenantes de las reacciones. El consejo de los cuidadores ha de ser adecuado, honesto, inequívoco y oportuno. Es de gran importancia proporcionar a la víctima una sensación de seguridad y confianza al mismo tiempo que se la ayuda a ser independiente y responsable de su enfermedad.

Si la persona con anafilaxia es un niño, la responsabilidad debe ser asumida por su familia y cuidadores. Necesitan ser los ojos y la memoria del niño con anafilaxia, prestando continuamente atención a sus actividades. En el caso de un adolescente, en ocasiones esto puede ser motivo de fricciones e incluso de irritación, y se requiere un tacto considerable. Los esfuerzos de los cuidadores ayudarán a las personas que han experimentado un shock anafiláctico a hacer frente a la realidad y a aceptar el problema, a fin de que puedan reanudar sus actividades diarias del modo más normal posible.

MIEDO

Cuando una persona experimenta una reacción que constituye una amenaza para la vida, puede volverse hipersensible a cualquier circunstancia que le recuerde el acontecimiento. Puede sentir miedo, terror y una ansiedad extrema cuando se enfrenta a los acontecimientos y circunstancias que le recuerdan la reacción.

Una mujer que experimentó un shock anafiláctico después de la picadura de una avispa describió lo que le ocurrió la siguiente vez que vio a una avispa:

Mi marido me había animado y finalmente convencido para ir a la ciudad después de haber estado a punto de morir tras la picadura de una avispa. Cuando llegué al aparcamiento, había una avispa volando alrededor del automóvil como si me esperara para picarme. Venía a por mí. Sabía que iba a picarme. Me quedé paralizada y no podía moverme. No abriría la puerta, teníamos que regresar.

Pero no solamente la víctima siente miedo. Un shock anafiláctico tiene repercusiones en toda la familia, en especial en los niños pequeños. Los niños pequeños son muy conscientes de que sus padres o hermanos están asustados o ansiosos.

PROBLEMAS DE RELACIÓN

En ocasiones, después de experimentar un shock anafiláctico algunas personas pueden tener dificultades en sus relaciones con la familia, los amigos y la sociedad, y acaban por sentirse tremendamente aislados. En algunos casos se aíslan en la seguridad de su familia inmediata y su vida en común, lejos de la comunidad. En otros casos los padres pueden tener dificultades en el cuidado de sus hijos, sobre todo de los muy pequeños. Las víctimas de un shock anafiláctico también pueden ver alteradas sus relaciones laborales, llegando al extremo de constituir una amenaza para su medio de vida.

Los efectos sobre el cuidador

Las familias y los cuidadores de los niños y adolescentes que han experimentado un shock anafiláctico pueden sentirse perplejos por el impacto emocional que la anafilaxia tiene tanto en ellos mismos como en otros miembros de la familia y en la propia víctima. El episodio tal vez someta a un estrés considerable a los familiares de la víctima, lo que afectará al patrón habitual de la vida familiar. Este estrés puede «infectar» a los otros miembros de la familia, provocando que las personas reaccionen de forma inesperada, por ejemplo con:

- Hostilidad hacia los demás miembros de la familia.
- Falta de comunicación verbal.
- Disminución de la expresión del afecto físico.
- Agresión verbal y física impredecibles.
- Sentimientos de culpa y de responsabilidad por el acontecimiento traumático.

El problema más frecuente en la unidad familiar es que la madre llegue a sobreproteger en exceso a su hijo. Esto es completamente comprensible. La madre considera que un mundo que ya de por sí entraña excesivos riesgos se convierte en sumamente peligroso, y su instinto protector puede llegar a asfixiar a su hijo. Quizá no permita que el niño vaya a jugar a casa de sus amigos o salga de excursión con sus compañeros de clase. La madre trata de establecer un control sobre todos los aspectos de la vida de su hijo. El padre, aunque es menos frecuente, también puede llegar a tener una actitud sobreprotectora.

Sin embargo, pueden plantearse otros numerosos problemas. Por ejemplo, si la madre está sumamente estresada como consecuencia de haber experimentado ella misma un shock anafiláctico o de haber presenciado una reacción anafiláctica en otro miembro de la familia, es posible que el padre o un hermano mayor tengan que asumir el papel práctico y emocional de la madre. Un niño pequeño tal vez se sienta confundido y cada vez más inseguro cuando su rutina diaria cambia tan súbitamente. Como consecuencia, esto puede traducirse en enuresis (el niño moja la cama por la noche), retraimiento físico y verbal, alteración de los patrones de sueño y negativa a comer o a beber. Un padre estresado puede refugiarse en la relativa seguridad de su trabajo, distanciándose de los otros miembros de la familia y, en consecuencia, perturbando la unidad familiar.

Los niños también pueden mostrar signos de estrés. Tal vez se sientan rechazados o, por el contrario, rechacen a otros miembros de la familia, lo cual puede traducirse en hostilidad hacia ellos, mala comunicación y menor número de expresiones de afecto.

Cuanto más fuertes sean los vínculos sociales con los amigos, la familia y la comunidad, mejor podrán afrontar la víctima y sus cuidadores los efectos secundarios de un shock anafiláctico que haya supuesto una amenaza para la vida. Y al contrario, si sus lazos familiares y sociales son débiles, y se sienten aislados y rechazados, es mucho más probable que desarrollen problemas emocionales y psicológicos.

Apoyo emocional y psicológico

Claramente la anafilaxia puede tener un gran impacto en cualquier persona afectada por la enfermedad. Sin embargo, examinando honestamente la situación y abordando cualquier cambio en el estilo de vida que sea necesario, tanto la persona que ha experimentado el shock anafiláctico como quienes conviven con ella serán capaces de llevar una vida plena y normal. La víctima de un shock anafiláctico dispone de la ayuda experta de numerosos profesionales. La historia de la familia de Karen ilustra cómo la anafilaxia puede integrarse satisfactoriamente en la vida familiar con apenas perturbación de la misma.

La familia de Karen

«Ser el padre de un niño con riesgo de anafilaxia alimentaria puede ser una situación temible y en ocasiones abrumadora. Tenemos dos hijos que son alérgicos a los frutos secos, y deseamos compartir nuestras estrategias personales de afrontamiento de la alergia.

»David tiene siete años, y dada su corta edad, todavía requiere los cuidados de los padres. Sin embargo, nunca le hemos impedido que jugara en casa de sus amigos, que acudiera a fiestas, que saliera de viaje con los otros compañeros de la escuela o que realizara cualquier actividad extraescolar. Consideramos que sería un error privarlo de estas actividades. Nuestra norma es asegurarnos de que David comprenda que debido a su enfermedad corre mayores riesgos que otros niños. Como consecuencia, rechaza cualquier ofrecimiento de galletas o pasteles a menos que el adulto que cuida de él le permita comerlos.

»Nuestro hijo jamás sale sin su estuche de adrenalina. El médico de familia nos enseñó cómo administrarle una inyección e incluso David asistió a una sesión práctica. También hemos visitado su escuela para recordar al personal cómo utilizar la adrenalina y les hemos proporcionado un claro plan de acción en caso de emergencia.

»En cuanto a Dan, tiene catorce años. Es muy aficionado al deporte y participa en todos los acontecimientos deportivos de la escuela, lo que frecuentemente le obliga a viajar durante algunos días. Los niños de la escuela son hospedados por familias, y el entrenador de Dan garantiza que las que le hospedan están completamente informadas de su anafilaxia, y yo siempre les llamo de antemano.

»Conocemos bien a los amigos de Dan y nos hemos asegurado de que comprenden la razón de que nuestro hijo lleve siempre consigo un estuche con adrenalina; además, saben cómo y cuándo hay que utilizarla y dónde encontrarla. Cuando salen, en muchas ocasiones les he oído preguntarle si se ha acordado de su "inyección".

»Al permitir a nuestros hijos esta libertad, alguien podría acusarnos de negligencia. Creo que no es así. En

> esta vida es necesario calcular los riesgos y asumirlos. Nuestros hijos van en bicicleta, de modo que les obligamos a utilizar casco; uno de ellos hace surfing y nos hemos asegurado de que sepa nadar; otra monta a caballo y siempre lleva una gorra protectora; dos de ellos presentan riesgo de anafilaxia, por lo que siempre están alerta, no corren riesgos y llevan consigo un estuche con adrenalina.»

Un apoyo firme por parte de los familiares y amigos ayuda a la persona afectada por la anafilaxia a llevar una vida normal, a afrontar con eficacia el legado de su reacción anafiláctica, y le permite tener una perspectiva positiva del futuro. Quien ha experimentado el miedo de un shock anafiláctico necesita aliento para aceptar lo que le ha ocurrido y para poder ayudarse a sí mismo. Esto cambiará la perspectiva de la víctima, que en lugar de sentirse controlada por la anafilaxia considerará que controla y domina su enfermedad.

No obstante, algunas personas necesitan un apoyo mucho más intenso para ayudarles a resolver los problemas emocionales y psicológicos que pueden plantearse como consecuencia de una reacción anafiláctica que ha representado una amenaza para la vida. Ejemplos de este tipo de ayuda incluyen la psicoterapia, el aconsejamiento y la terapia conductual.

Psicoterapia

La psicoterapia inmediata, orientada al problema y estructurada a corto plazo, puede ser de mucho valor para tratar los problemas asociados con un shock anafiláctico. En algunos países la psicoterapia está cubierta por la Seguridad Social, siempre que el médico de cabecera o de familia remita al paciente a un especialista. Sin embargo, en otros países ésta no cubre los tratamientos psiquiátricos ni la psicoterapia. Durante el tratamiento se alienta al individuo a hablar de su experiencia, aceptar sus sentimientos, reconocer sus síntomas y considerar el efecto que la anafilaxia tendrá sobre su vida posterior y la de su familia inmediata o cuidadores. Aceptando el impacto que la reacción anafiláctica ha tenido, se alienta al individuo a desarrollar una actitud optimista, evitar culparse a sí mismo o a los demás y aceptar la ayuda y el apoyo. Y lo que es más importante todavía, se le ayuda a reanudar las actividades de su vida diaria del modo más normal posible.

ACONSEJAMIENTO

Se dispone de diversos tipos de aconsejamiento. El individual puede ayudar a la víctima de manera inicial y aumentar su confianza en sí misma, y la terapia de grupo puede proveer un cierto grado de apoyo intenso y muy necesario. La experiencia de grupo reduce la sensación de aislamiento y de marginación del individuo afectado por la anafilaxia. Los miembros del grupo comprueban que otras personas pueden comprender su miedo y su angustia. La reintegración social empieza cuando los miembros sienten el apoyo del grupo y empiezan a comprender que no tienen que afrontar solos los problemas de la recuperación.

TERAPIA CONDUCTUAL

La terapia conductual es un tratamiento muy eficaz para el estrés y las alteraciones que cursan con ansiedad, en especial la generada por cualquier recuerdo del shock anafiláctico. La exposición a la situación en la cual éste tuvo lugar puede ser un tratamiento efectivo, y también la exposición a los estímulos o desencadenantes temidos, por ejemplo, una abeja, una avispa o los cacahuetes. La exposición controlada y gradual con la ayuda de un profesional puede disminuir el efecto negativo de estos desencadenantes.

Un shock anafiláctico puede ser motivo de miedo, y los problemas emocionales y psicológicos que provoca son susceptibles de alterar la vida de todas las personas afectadas. Las funciones parentales primarias de protección, afecto, ternura y educación se verán alteradas. Tanto la víctima de una anafilaxia como su familia inmediata pueden quedar completamente desorientadas por la experiencia. Es posible que los lazos emocionales se fortalezcan considerablemente o, por el contrario, que se debiliten. La familia puede sentirse incapaz de afrontar los cambios de humor tanto de la víctima de la anafilaxia como de otros miembros de la misma.

Cuando alguien ha estado tan cerca de la muerte tal vez deba solicitar consejo y apoyo profesional. Necesita pensar en la experiencia de tal forma que pueda empezar a considerarse a sí mismo como una persona más fuerte y prudente y sentir que su vida tiene un nuevo valor. La víctima gradualmente se convierte en un superviviente, con una mayor sensación de control y un alivio del temor de que la experiencia se repita. Los acontecimientos dramáticos que son una amenaza para la vida afectan a toda la familia, y no sólo a los individuos que los experimentan. Por consiguiente, el tratamiento debe incidir tanto en éstos como en sus relaciones con los demás. Desde este punto de vista, la terapia de grupo y la terapia familiar pueden ser de mucha utilidad. Un aprendizaje que haga hincapié en controlar el estrés, superar el miedo, reforzar la autoestima y afrontar los problemas prácticos de la vida familiar (como tomar precauciones especiales para minimizar la exposición a los alergenos) puede ayudar a la víctima y a su familia a convivir con la anafilaxia.

Capítulo 8

La anafilaxia y la escuela

Un niño con anafilaxia no es un niño enfermo. Su aspecto es normal, se comporta de manera normal y es capaz de tomar parte en todas las actividades escolares al igual que lo haría si fuera miope o padeciera asma. Su enfermedad no es contagiosa, no necesita antibióticos, analgésicos o tomar otras medicaciones con regularidad. Por esta razón el niño con tendencia alérgica debe asistir a la escuela.

Supongamos que el médico ha establecido un diagnóstico de alergia a los cacahuetes en su hijo, Ben. En todos los demás aspectos su hijo es un niño normal, sano, pero si consume cualquier producto alimenticio que contenga cacahuetes experimentará rápidamente una reacción alérgica que puede poner en peligro su vida.

Llegados a este punto, probablemente el médico de cabecera y el especialista en alergia le habrán aconsejado cómo tratar a su hijo, le habrán enseñado cómo administrarle adrenalina y cómo modificar los hábitos alimentarios de su familia para tratar de evitar cualquier producto con cacahuetes. Se habrá esforzado por comprender la enfermedad y se habrá acostumbrado a vivir con el riesgo de una reacción anafiláctica. Probablemente, como padres habrán necesitado mucho tiempo y sentido una inquietud considerable antes de aceptar la anafilaxia de Ben, pero es su hijo y harían cualquier cosa por garantizar su bienestar.

Si Ben ha de llevar una vida normal, tendrá que ir a la

escuela, pero necesita disponer de un acceso inmediato y constante a la adrenalina y, especialmente mientras sea muy pequeño, precisará la ayuda de los adultos a fin de evitar alimentos que contengan cacahuetes. Para que Ben asista sin ningún riesgo a la escuela, es necesario que ésta desempeñe un papel en el tratamiento de su enfermedad. Sería absurdo suponer que si su hijo sufre una reacción anafiláctica, sólo ocurrirá en los momentos en que esté con usted o su cónyuge. Es igual de probable que se produzca cuando se encuentre lejos del hogar, quizá incluso más probable, puesto que permanece mayor número de horas en la escuela, de modo que es necesario que otras personas se comprometan y participen en su tratamiento. Como padres, tal vez deban convencer a todos los miembros del personal de la escuela para que puedan tratar a su hijo anafiláctico.

Puesto que la anafilaxia no es una enfermedad tan bien conocida como por ejemplo el asma, es muy probable que su primer obstáculo sea el de la comunicación. Están solicitando a los profesores de Ben que entiendan qué es la anafilaxia, una enfermedad que posiblemente nunca habrán oído mencionar, y a continuación que resuelvan el problema. Por consiguiente, no es nada sorprendente que inicialmente muestren pocos deseos de participar en el tratamiento de su hijo. Aquí una buena comunicación resulta absolutamente esencial.

Reunirse con el director

El primer paso es solicitar una reunión con el director de la escuela. Éste puede pedir al profesor de Ben, a la enfermera de la escuela o quizá al director adjunto que asistan a la reunión. Sería útil que el médico de Ben asistiera también, a pesar de que esto puede no resultar fácil. Su tarea es convencer al director de que la anafilaxia, lejos de ser una enfermedad rara o desconocida, está bien documentada, y su incidencia va aumentando. Merece la pena que plantee los siguientes aspectos:

- Por ejemplo, en el Reino Unido se considera que aproximadamente unos treinta mil individuos sufren reacciones alérgicas graves a los frutos secos.
- Muchas muertes que previamente se habían atribuido al asma hoy en día se consideran el resultado de un shock anafiláctico.
- Existen otros factores que también pueden provocar una reacción anafiláctica, como otros alimentos, las picaduras de abejas y avispas y el látex.
- Es posible que nunca surja una emergencia, pero si se presenta, un plan de tratamiento prudente disminuirá los riesgos al mínimo.

Además, las autoridades sanitarias tienen gran interés en garantizar que las escuelas estén informadas sobre la anafilaxia. Por ejemplo, en el Reino Unido el Departamento de Educación y Trabajo y el de Salud han incluido la anafilaxia en un documento denominado *Apoyo a los niños con necesidades médicas en la escuela*.

Esta guía declara que los niños con necesidades médicas especiales tienen los mismos derechos de admisión en la escuela que los otros, y en general no pueden ser excluidos de ella por razones médicas. Al mismo tiempo, avisa de que no existe una obligación legal que exija al personal de la escuela la administración de la medicación. Éste es un papel voluntario. En otras palabras, su hijo va a necesitar que los profesores estén preparados para administrarle la adrenalina si surge una emergencia, pero éstos no están obligados por ley a hacerlo. Y aquí es donde usted o quizá un profesional de asistencia sanitaria necesita hacer hincapié en que es posible una formación básica para que lleven a cabo este procedimiento simple.

Por encima de todo, sus reuniones con el profesorado no deben ser del tipo «Conozco mis derechos», en el que pueda producirse una confrontación, sino que debe tratar de establecer una alianza con la escuela, que redundará en el mejor interés de Ben. Merece la pena recordar que si la escuela no dispone de una normativa sobre la anafilaxia, probablemente la razón es que no ha tenido a ningún alumno con anafilaxia, antes que por ser reacia a afrontar el problema.

Además de estas directrices de los Departamentos y Ministerios de Educación, las autoridades locales también estipulan otras para las escuelas de sus áreas. Cuando se reúna con el director, es posible que se sorprenda agradablemente al comprobar que ya dispone de ellas.

¿Quién estipula las normativas?

En la mayoría de los países de la Comunidad Europea, las escuelas públicas y las autoridades locales estipulan sus propias normativas, que reflejan las obligaciones legales y sus situaciones concretas. Son responsables de la salud y la seguridad de los alumnos a su cuidado.

En la reunión con el profesorado, pueden plantearse las siguientes preguntas:

- ¿Necesita el niño tomar un medicamento a diario? *No.*

- ¿Pueden contraer la enfermedad los otros alumnos? *No.*
- En caso de emergencia, ¿ha previsto que un miembro del personal administre la inyección a su hijo? *Sí, pero no el tipo de inyección que probablemente acostumbraban administrar. No hay que pinchar al niño con una aguja cuya jeringa se ha cargado previamente con la medicación, sino que, como padres de Ben, podemos planificar una formación y suministrar las jeringas precargadas que contienen las dosis correctas de adrenalina. En el caso de que se presente una emergencia, simplemente tendrán que extraer el tapón y pinchar a Ben en la parte superior del muslo, incluso a través de la ropa. Los síntomas remitirán automáticamente.*
- ¿Prevé que la escuela mantenga de manera confidencial la información sobre la enfermedad de Ben? *No. La gente que asume una responsabilidad sobre la salud de Ben ha de conocer su enfermedad. Podemos concertar una charla de nuestro médico de familia o nuestro alergólogo, de modo que todas las personas al cuidado de Ben sepan lo peligroso que puede ser incluso el más pequeño indicio de cacahuetes en su dieta.*

Preparación de un plan

Tras establecer que la anafilaxia es una enfermedad conocida y que un niño afectado puede adaptarse a la escuela, y después de que ésta manifieste su deseo de conocer la enfermedad y de afrontar la situación de Ben, es necesario que trace un plan. Las directrices de los Ministerios y Departamentos de Educación resultan útiles, ya que contienen muestras de planes de asistencia sanitaria que pueden adaptarse para que se ajusten a las necesidades de Ben.

El documento aceptado ha de incluir todos los detalles precisos de la enfermedad del niño, la medicación que toma, el número de teléfono y la dirección de su médico y de los padres. Debe contener una solicitud para que la escuela administre la medicación, los registros de la formación del personal y la confirmación del consentimiento de éste con respecto a administrar la medicación. La escuela puede tener su propio protocolo de planificación de emergencias para llamar a una ambulancia, en el que se describe dónde se encuentra la entrada a la escuela, cuáles son los síntomas así como otra información vital. Si la escuela no tiene su propio plan, esta información debe incluirse en el plan de Ben.

Una vez se ha establecido el plan básico, pueden desarrollarse los detalles para excluir y evitar los cacahuetes en la dieta de su hijo. Como se ha mencionado en el capítulo 6, es relativamente simple controlar la dieta de un niño si sólo consume alimentos recién preparados. No obstante, abundan los peligros ocultos, ya que muy frecuentemente los niños consumen alimentos precocinados. Lo mismo ocurre en la escuela. Los cacahuetes añadidos pueden eliminarse de las comidas escolares, pero ¿tiene presente el cocinero los peligros ocultos, como el aceite que se ha utilizado previamente para cocinar alimentos que contienen frutos secos?

Habrá ocasiones en las que Ben pueda estar expuesto a los cacahuetes, quizá al intercambiar su sándwich con el de otro niño o durante una excursión escolar. Es vital la concienciación y una vigilancia entre el personal, los padres y otros alumnos. Durante las horas escolares todo el mundo es responsable de Ben, y si después de la escuela el niño no regresa directamente a su casa, es necesario informar de su anafilaxia así como del peligro que para Ben entraña el consumo de cacahuetes, al personal de los centros adonde vaya.

¿Es responsable el profesor si alguien comete un error?

Incluso si en la escuela todo el mundo presta atención a los alergenos y a la posibilidad de la anafilaxia, evitando los cacahuetes, y el personal está entrenado en la administración de adrenalina, alguien puede cometer un error. Siempre existe la posibilidad remota de que, por alguna razón, la escuela pueda no ayudar al niño que está sufriendo un shock anafiláctico. Es necesario que los profesores sepan que en muchos casos el propietario, o el Estado, los asegurará frente a esta ocurrencia y asumirá la responsabilidad en cualquier acción legal subsiguiente. Esta protección se denomina *indemnidad*. El director siempre debe verificar que los miembros del personal estén cubiertos de esta forma antes de que acepten administrar la inyección de adrenalina.

PERSONALIZAR EL PLAN

Si la escuela de Ben ha respondido de la forma que usted esperaba, el director aceptará un protocolo y uno o dos profesores recibirán una formación adecuada sobre la administración de adrenalina. Recuerde que el plan de acción para Ben diferirá del de otros niños con problemas similares.

Por ejemplo, en este libro hemos mencionado repetidamente que las personas que necesitan inyecciones de adrenalina siempre deben llevarla consigo. Pero ¿es Ben lo suficientemente mayor para asumir esta responsabilidad? Incluso si usted considera que es así, ¿ha pensado en sus compañeros? Es posible que uno de ellos sucumba a la curiosidad y secretamente manosee e incluso rompa la jeringa o el vial. Quizá sería más seguro que diferentes profesores de Ben dispusieran de varias dosis de adrenalina.

Asimismo, considere lo que puede ocurrir si la escuela necesita contactar con usted en caso de emergencia. ¿Está siempre disponible? ¿Dispone la escuela de una persona alternativa con la que contactar si no localiza a los padres? ¿Conoce Ben a estas otras personas? ¿Y cómo se sentiría si le tuvieran que acompañar durante el traslado al hospital en lugar de sus padres? Una solución puede ser que ustedes lleven siempre un teléfono móvil, a pesar de que son aparatos caros y no infalibles. En cualquier caso, es importante que recuerden que han establecido una asociación con el profesorado para tratar a su hijo conjuntamente y deben desempeñar su papel de manera tan activa y responsable como los miembros de la escuela desempeñan el suyo.

¿Quién más necesita conocer la anafilaxia?

No sólo los padres de los niños con anafilaxia o las escuelas con alumnos anafilácticos deben conocer esta enfermedad. Un niño puede experimentar su primer shock anafiláctico en la escuela y es posible que no exista un protocolo aceptado, que la escuela no disponga de adrenalina o que nadie pueda administrarla de forma segura. En este caso, sería vital seguir los procedimientos de emergencia descritos en el capítulo 5.

Pero la anafilaxia no sólo ocurre en las escuelas. Existen numerosas situaciones en las que los niños son supervisados por adultos que no son sus padres. Éstas pueden incluir grupos de actividades lúdico-educativas para niños en edad preescolar, guarderías, vacaciones con familias dedicadas a intercambios, campamentos o colonias, actividades de fines de semana, escuelas dominicales e incluso fiestas de cumpleaños. La niñera, la *au pair* o la canguro asumen la responsabilidad de su hijo si usted no está en casa. ¿Conocen la conducta a seguir en caso de presentarse una emergencia? ¿Saben que el pan del supermercado o las barritas energéticas de chocolate pueden contener cacahuetes?

Es preciso que informe a todas las personas que cuidan y atienden a su hijo de la enfermedad del niño, de cómo evitarla y cómo tratarla en caso de que se presente un shock anafiláctico. De forma parecida, para *cualquier persona* que asume la responsabilidad de los hijos de los demás puede ser muy beneficioso conocer la anafilaxia y saber cómo tratarla.

A modo de conclusión

La anafilaxia es una enfermedad mucho más frecuente de lo que la gente cree. En realidad, la incidencia generalizada y cada vez mayor de la anafilaxia podría resultar muy útil para las personas que afrontan esta enfermedad desde hace mucho tiempo. Cuanto mayor sea el número de personas que la conocen, más probable será que sepan cómo evitarla o qué hacer en caso de emergencia. Sin embargo, el aumento de la incidencia también es probable que conduzca a una limitación adicional de los recursos de servicios sanitarios a medida que aumente la demanda de clínicas especializadas en alergias, medicación y la ayuda de especialistas.

Cuanto más fuerte sea la «voz» colectiva de la gente que sufre anafilaxia, más probable será que tenga impacto en la sociedad. Por ejemplo, en estos momentos algunas grandes superficies y comercios de alimentación tratan de convencer a las personas con anafilaxia de que no compren determinados productos alimenticios que pueden contener indicios de los diferentes alergenos. Llegará un momento de demanda de productos sin alergenos en el que para los fabricantes del ramo de la alimentación será preferible, desde un punto de vista económico, utilizar cadenas de fabricación dedicadas a garantizar que los productos alimenticios carecen de alergenos.

Los fabricantes y los comerciantes del ramo de la alimentación no deben olvidar qué es la anafilaxia. La controversia surgida ante la idea de la modificación genética de los alimentos tiene extensas implicaciones para las personas con anafilaxia. Ya se ha puesto de manifiesto que cuando se introdujo una proteína de las nueces del Brasil en la soja, las personas que eran alérgicas a este tipo de nueces se volvieron alérgicas a la soja. Sin un etiquetado adecuado con una lista exhaustiva de los ingredientes de los productos alimenticios, no hay forma de saber si el alimento que consumimos ha sido o no modificado genéticamente.

A medida que el consumo mundial de cacahuetes y nueces aumenta, se incrementa la incidencia de anafilaxia inducida por estos frutos secos. Con una mayor información sobre la anafilaxia, las mujeres sabrían que durante el embarazo y la lactancia es preferible no consumir cacahuetes ni otros frutos secos, para evitar la sensibilización de su hijo, y sabrían asimismo que no deben ofrecer a un niño de corta edad mantequilla de cacahuete. Una vez más, es vital la concienciación sobre el problema.

La búsqueda de nuevas formas de tratamiento de la anafilaxia continúa. Las ideas que se ponen de relieve incluyen una vacuna antialérgica que destruiría los anticuerpos de la alergia, un equipo fácil de usar para identificar los indicios más insignificantes de los diferentes alergenos en los alimentos y formas más simples de administrar la adrenalina. Estas y otras innovaciones algún día podrán ayudarnos a protegernos de este estado de *protección excesiva* que se conoce como anafilaxia.

Glosario

Ácido benzoico. Un tipo de aditivo alimentario.

Aditivos alimentarios. Sustancias utilizadas para conservar o dar sabor a los alimentos. Se sabe que algunos aditivos pueden desencadenar una reacción anafiláctica.

Adrenalina. Hormona producida por el cuerpo como respuesta al estrés. También es un fármaco que se utiliza como principal tratamiento del shock anafiláctico.

Alergeno. Factor que provoca una respuesta inflamatoria inapropiada.

Alérgico. Si un factor provoca una respuesta inflamatoria inapropiada, se dice que la persona es alérgica a dicho factor.

Alvéolo. Saco lleno de aire al final de los bronquiolos.

Anafilaxia. Enfermedad que provoca reacciones alérgicas sistémicas, graves, que son una amenaza para la vida.

Anticuerpo. Proteína producida en el organismo por un tipo de glóbulos blancos en respuesta directa a la introducción de un antígeno.

Antígeno. Cualquier sustancia que induce en los animales algún tipo de respuesta, como la formación de anticuerpos y una reacción de hipersensibilidad.

Antihistamínico. Medicamento que contrarresta los efectos de la histamina. Se utiliza en las reacciones alérgicas y el shock anafiláctico.

Asma. Enfermedad en la cual la inflamación de las vías aéreas causa dificultades respiratorias, sibilancias y constricción del pecho.

Bronquio. Las dos principales ramas de la tráquea.

Bronquiolo. Pequeñas subdivisiones de los bronquios.

Carótida. Las arterias carótidas son las que circulan a ambos lados del cuello y se palpan para saber si la víctima de un shock anafiláctico tiene pulso.

Difenhidramina. Uno de los antihistamínicos más utilizados en el tratamiento del shock anafiláctico.

Disnea. Falta de aliento.

Eccema. Inflamación de la piel que provoca enrojecimiento y agrietamiento de la misma.

Estrés. Conjunto de reacciones biológicas o psicológicas que se desencadenan en el organismo cuando éste se enfrenta de forma brusca con un agente nocivo, cualquiera que sea su naturaleza.

Estresante. Que produce estrés.

Estridor. Sonido agudo semejante al de un silbido o al que produce una sierra y que se debe a un espasmo de las vías respiratorias.

Hiperventilación. Respiración exageradamente profunda y prolongada, que puede producirse durante un ataque de pánico.

Histamina. Sustancia muy activa que se libera en el shock anafiláctico y se encuentra presente, en pequeñas concentraciones, en determinadas células y tejidos.

Idiopática. Cuando no se encuentra una causa conocida para la anafilaxia se dice que es una anafilaxia idiopática.

Inhalador-dosificador. Tipo de inhalador utilizado en la anafilaxia para distribuir la adrenalina hasta la superficie de los pulmones. Este dispositivo consta de un envase metálico recubierto de una funda de plástico. La medicación se libera en forma de nebulizador.

Látex. Líquido lechoso y blanquecino producido por muchas plantas. El látex que puede provocar anafilaxia es el que se extrae del árbol del caucho o *Hevea braziliensis*.

Leucocito. También llamado glóbulo blanco. Es el responsable de la respuesta inflamatoria del organismo.

Luz. Parte hueca de las vías aéreas.

Mediadores inflamatorios. Sustancias químicas potentes que circulan por el torrente circulatorio atravesando las paredes de los vasos sanguíneos y las diferentes células. Constituyen una parte integrante de la respuesta inflamatoria.

Negación. Patrón de conducta en el cual la persona se niega a admitir la realidad o la existencia de algo. Algunas personas con anafilaxia niegan tener este problema y se resisten a llevar la medicación que puede salvarles la vida si sufren una reacción.

Proteínas extraíbles. Impurezas naturales del látex que representan desencadenantes conocidos de la anafilaxia.

Prurito. Nombre médico del picor.

Reanimación cardiopulmonar. Si la víctima de un shock anafiláctico sufre un paro cardiorrespiratorio, debe aplicarse la respiración artificial junto con el masaje cardíaco externo.

Respuesta inflamatoria. Respuesta a la que nuestros cuerpos recurren para protegernos de los factores nocivos del medio ambiente.

Roncha. Ampolla de la piel muy pruriginosa, en ocasiones denominada urticaria.

Salbutamol. Fármaco con un efecto dilatador de los bronquios (broncodilatador).

Sibilancia. Presencia de un ruido de tonalidad aguda que traduce el estrechamiento de los bronquios y se puede oír durante el shock anafiláctico.

Sistémico. Reacción que se produce en todo el organismo.

Tartracina. Tipo de aditivo alimentario.

Tendencia atópica. Si los genes de una persona la predisponen a desarrollar alergias, se dice que esta persona tiene una tendencia atópica.

Tráquea. Conducto cilíndrico que se prolonga hacia arriba

con la laringe y se divide en la parte inferior en dos ramas, o bronquios, y que extrae el aire de la laringe hasta los bronquios.

Tratamiento de desensibilización. Consiste en administrar un débil extracto del veneno al que la víctima de anafilaxia es sensible para que de este modo desarrolle tolerancia y no experimente reacciones anafilácticas.

Urticaria. Aparición de habones, o ronchas, blancos o rojizos, y sobreelevados, que se asocian con prurito y sensación de pinchazo y son típicos de una picadura o de la exposición a cualquier alergeno, como las ortigas o las medusas.

Vasoconstricción. Disminución del calibre de los vasos sanguíneos.

Títulos publicados:

1. **Los ataques de pánico** - *Christine Ingham*

2. **La hipertensión** - *Caroline Shreeve*

3. **La psoriasis** - *Sandra Gibbons*

4. **La osteoporosis** - *Kathleen Mayes*

5. **Las reacciones alérgicas** - *Deryk Williams, Anna Williams y Laura Croker*

MANUALES
PARA LA SALUD

Excelentes y exhaustivos textos de referencia donde encontrar la información adecuada sobre el origen, composición y tratamiento de las diversas medicinas naturales. Manuales que orientan sobre la aplicación de las distintas técnicas curativas en el hogar.

Títulos publicados:

Hierbas para la salud
Kathi Keville

Remedios naturales para la salud del bebé y el niño
Aviva Jill Romm

Saber comer
*Edición a cargo del equipo
de* Prevention *Magazine Health Books*

SENTIRSE BIEN

❧

Una colección de guías prácticas ilustradas a todo color, ideal para introducirse en las técnicas y terapias alternativas que pueden ayudarnos a mejorar nuestra calidad de vida.

Títulos publicados:

Hierbas medicinales
Tamara Kircher y Tom Lowery

Digitopuntura
Carola Beresford-Cooke

Aromaterapia
Anna Selby

Tai Chi
Paul Crompton